中国野生动物保护协会 推荐

你好，动物朋友！

大大的都危险吗？

义圃园丁◎编

中国科学院动物研究所研究员　国家林业与草原局首席科普专家　黄乘明 审读

现代教育出版社
Modern Education Press

中国野生动物保护协会推荐

图书在版编目（CIP）数据

你好，动物朋友！. 大大的都危险吗？/ 义圃园丁编. — 北京：现代教育出版社，2022.5
ISBN 978-7-5106-8748-8

Ⅰ.①你… Ⅱ.①义… Ⅲ.①动物—儿童读物 Ⅳ.① Q95-49

中国版本图书馆 CIP 数据核字（2022）第 051811 号

你好，动物朋友！（全六册）

编　　者	义圃园丁
出 品 人	陈　琦
选题策划	王春霞
审读专家	黄乘明
责任编辑	周玉梅　李雨卉
装帧设计	赵歆宇　王怡芳
出版发行	现代教育出版社
地　　址	北京市东城区鼓楼外大街 26 号荣宝大厦三层
邮　　编	100120
电　　话	010-64251036（编辑部）010-64256130（发行部）
印　　刷	北京九天鸿程印刷有限责任公司
开　　本	787mm×1092mm 1/16
印　　张	12
字　　数	120 千字
版　　次	2022 年 5 月第 1 版
印　　次	2022 年 5 月第 1 次印刷
书　　号	ISBN 978-7-5106-8748-8
定　　价	108.00 元（全六册）

版权所有　侵权必究

目录

大熊猫 2
北极熊 4
海象 6
海豹 8
河马 10
大象 12
犀牛 14

狮子 16
老虎 18
袋鼠 20
大猩猩 22
豹 24
白鲸 26
抹香鲸 28

大熊猫
dà xióng māo

大熊猫是世界上最可爱和最珍贵的动物之一。它们已经在地球上生存了至少800万年，被誉为"活化石"和"中国国宝"。据第四次全国大熊猫野外种群调查显示，全世界野生大熊猫不足2000只。目前，人工繁殖的大熊猫在精心繁育下，种群数量已经渐渐扩大，期待能够有更多的熊猫宝宝诞生。

形态特征

大熊猫体型肥硕似熊、丰腴富态。体色为黑白两色。它有着圆圆的脸颊，大大的黑眼圈，胖嘟嘟的身体，标志性的内八字行走方式，也有锋利的爪子，有助于挖出竹子和竹笋。

- 体长：1.2 — 1.8 m
- 体重：60 — 150 kg
- 寿命：20 — 25 岁

生活习性

大熊猫的食物以竹子为主，有时候也会吃一些肉类。随着气候的改变和食物分布的变化，大熊猫夏季上移至高山，撵笋觅食，秋冬则下移到中低山地。它们虽然被划分为食肉目，但已经是不折不扣的"素食主义者"了。大熊猫是中国的特有物种，主要栖息地在中国四川、陕西和甘肃的山区。

你知道吗？

不同地域的人对熊猫会有不同的叫法，在中国台湾等地，大熊猫也被称为大猫熊哦，原因是熊猫本身还是熊，故最初被称为"猫熊"。

猜猜看

你知道中国的国宝是什么吗？

大熊猫

北极熊
běi jí xióng

- 体长：1.9 — 2.6 m
- 体重：300 — 600 kg
- 寿命：30 年左右

北极熊是世界上最大的陆地食肉动物之一，也是所有熊类中体型最大的一种，又被称为白熊。北极熊生活在寒冷的北极，它们的视力和听力与人类相当，但它们的嗅觉却极为灵敏，是犬类的 7 倍。

你知道吗？

北极熊的皮毛并不是白色的，它们的皮肤为黑色，而毛发是透明的，加上在冰天雪地的环境中，所以外观上看起来为白色。

北极熊在冰川上嬉戏打闹

生活习性

北极熊大部分时间处于"静止"状态，例如睡觉、躺着休息，其他时间则会狩猎，或者是在陆地或冰层上行走或游水。北极熊在熊科动物家族中属于正牌的食肉动物，98.5%的食物都是肉类。它们主要捕食海豹。除此之外，它们也捕捉海象、白鲸、海鸟、鱼类和其他小型哺乳动物。

形态特征

北极熊后腿直立后接近3 m，但即使是这么庞大的体型，它们在冰面上的最快奔跑速度依然可达60 km/h，是百米世界冠军速度的1.5倍。北极熊的熊掌宽度可达25 cm，熊爪长度可超过10 cm，能够轻易地将自己固定在冰面上而不会滑倒。

猜猜看

北极熊会冬眠吗？

5

海象
hǎi xiàng

体长：2.7 — 3.2 m
体重：600 — 1500 kg

海象，顾名思义，是海洋中的"大象"，它们的身体庞大，皮厚而多皱，有稀疏的刚毛，眼睛小，视力欠佳，和陆地上的大象一样长着两枚长长的牙。海象主要生活在北极或近北极的温带海域，十分耐寒，是地域特征鲜明的海洋动物。海象的四肢已退化成鳍状，仅靠后鳍脚朝前弯曲，以及獠牙刺入冰中共同作用，才能在冰上匍匐前进。雄海象的獠牙可达 75 — 96 cm，而且它们的獠牙终其一生都在生长。

海象拉普捷夫海亚种
分布于俄罗斯亚洲区北部

海象阿拉斯加亚种
分布于美国阿拉斯加冰岬

海象白令海亚种
分布于白令海和北太平洋

生活习性

海象是群居性的动物，也是典型的社会动物，不论在岸上还是水下，大都一起行动。海象在冰冷的海水中和陆地的冰块上过着两栖的生活，它们在陆地上大多数时间是在睡觉和休息，在海水中则靠着流线型的身体、发达的肌肉以及强有力的鳍状肢行动，能够完成取食、求偶、交配等各种活动。海象的食性较杂，但不吃鱼，主要以瓣鳃类软体动物为食，也捕食乌贼、虾、蟹和蠕虫等。

形态特征

海象不论公母都有长长的獠牙，雄海象的獠牙要比雌海象的更长。海象的獠牙可以用于自卫和争斗，以及获取食物，或在爬上冰块时支撑身体，甚至还能用来凿开贝类以及冰层。

猜猜看

母海象也有长长的獠牙吗？

有的

海豹

hǎi bào

髯海豹又叫胡子海豹

海豹是一种耐寒的海洋哺乳动物。它的后脚不能向前弯曲，所以在陆地上活动时，总是拖着后肢，将身体弯曲爬行，并在地面上留下一行弯弯曲曲的痕迹。不过当它们入水之后，胖胖的后肢就是快速游动的主动力了，不仅能够提供强有力的推力，还能够灵活地控制方向。海豹是鳍足类中分布最广的一类动物，从南极到北极，从海水到淡水湖泊，都有海豹的足迹。海豹社会实行"一夫多妻"制。年轻体壮的雄海豹往往有很多的妻室。

你知道吗？

每年的3月1日为"国际海豹日"。

体长：1.2 — 3 m
体重：50 — 370 kg
寿命：20 — 35 年

象海豹——海豹科中最大的类型

斑海豹

生活习性

海豹生活在寒温带海洋中，除了繁殖产仔、休息和换毛季节需到冰上、沙滩或岩礁上之外，其余时间都在海中游泳、取食或嬉戏。海豹以鱼类为主要食物，也食甲壳类及头足类。它们的食量很大，一头60—70 kg重的海豹，一天要吃7—8 kg的鱼。海豹的游泳本领很强，速度可达27 km/h，同时又善于潜水，一般可潜100 m左右。

形态特征

海豹有一层厚厚的皮下脂肪用以保暖并提供食物储备，还能产生浮力。海豹的身体均呈纺锤形，全身有被毛，能够帮助抵御寒冷。海豹的前肢短于后肢，耳朵变得极小或退化成只剩下两个洞，游泳时可自由开闭。

猜猜看

在水中，海豹依靠什么控制方向？

后肢

河马

hé mǎ

河马的大嘴

河马是世界现存淡水物种中最大型的杂食性哺乳动物，也是陆地上现存体型仅次于非洲象、亚洲象、非洲森林象、白犀牛、印度犀牛的动物，一般个体体长 3.3 m，肩高 1.5 m，平均体重约 1.35 t，有记录的最大野生个体重达 2.66 t。河马的四肢特别短。白天几乎全在水中，喜欢吃水草，每天要吃 80 kg 以上的食物。

河马母子在亲吻玩耍着

小河马无时无刻地跟着河马妈妈

母河马在撕咬鳄鱼

- 体长：3—4 m
- 身高：不超过 1.65 m
- 寿命：30—40 年

生活习性

当河马暴露于空气中时，其皮上的水分蒸发量要比其他哺乳动物多得多，河马的皮上没有汗腺，但却有一种腺体，能够分泌一种类似防晒乳的微红色潮湿物质，能防止昆虫叮咬。

形态特征

河马有一个粗胖的头和一张特别大的嘴，比现存陆地上任何一种动物的嘴都大，并且足可以张开呈90°角。河马的牙也很大，门齿和犬齿均呈獠牙状，也是进攻的主要武器。河马的獠牙硬度极高，甚至可以弹开普通手枪子弹。除尾巴上有一些短毛外，河马身体上几乎没有毛，它们的皮格外厚，皮的里面是一层脂肪，这使它可以毫不费力地从水中浮起。

猜 猜 看

河马皮上的腺体分泌的物质有什么作用？

防止昆虫叮咬

大象
dà xiàng

- 身高：2—4 m
- 体重：3000—5000 kg
- 寿命：50—70 岁

大象是目前陆地上最大的哺乳动物。大象广泛分布在非洲撒哈拉沙漠以南、南亚、东南亚、中国南部边境的热带及亚热带地区。大象的祖先在几千万年前就出现在地球上。大象家族曾是地球上最占优势的动物类群之一，目前已发现400余种象化石。大象最明显的特征就是长长的鼻子和大大的耳朵，象鼻柔韧而肌肉发达，具有缠卷的功能，是象自卫和取食的有力工具。

非洲象

亚洲象

生活习性

大象喜欢吃野草、树叶、树皮、嫩枝。它们通常以家族为单位活动，结成几十、上百只的象群。象由雌象做首领。大象长期以来都被认为是感性动物。它们会帮助陷入泥坑的大象宝宝、用鼻子把受伤或垂死的其他大象拉到安全地带，甚至可以用鼻子给对方温柔触摸，以此安慰其他身处痛苦的个体。亚洲象在看到其他同类有麻烦时，自己也会感到很沮丧，这时它们会安慰对方。

你知道吗？

在印度，大象是一种颇受敬畏的动物，这和印度的宗教文化息息相关。大象越来越受欢迎，在各种节庆活动中都会出现大象的身影。人们经常用大象来代表印度。比如，中国与印度经济上的竞争被称作"龙象之争"。

猜猜看

"科特迪瓦"在法语中的意思是什么？

象牙的海岸

犀牛
xī niú

- 身高：1.4 — 2 m
- 体重：800 — 5000 kg
- 寿命：20 — 50 年

犀牛是现存最大的奇蹄目动物，也是现存体型仅次于大象的陆地动物，分布于非洲中南部、东南亚和南亚。犀牛有着异常粗笨的躯体，短柱般的四肢，庞大的头部，全身披以铠甲似的厚皮，吻部上面长有单角或双角，还有生于头两侧的一对小眼睛。它们虽然躯体庞大，却是胆小无害的动物。一般来说，它们宁愿躲避而不愿战斗。不过在它们受伤或陷入困境时却凶猛异常，往往会不顾一切地冲向敌人。它们虽然体型笨重，但仍能以相当快的速度奔跑。

依恋母亲的小犀牛

白犀　　印度犀　　黑犀

珍贵的犀牛

形态特征

犀牛栖息于低地或海拔2000多米的高地，是夜间活动的动物，喜欢独居或结成小群。犀牛的生活区域从不脱离水源。它们以草类为主要食物来源，或以树叶、嫩枝、野果、地衣等为食物。

你知道吗？

有一种鸟经常伴随着犀牛。这些小鸟经常站在犀牛身上，啄食它们身上的寄生虫和它们行走时踢起来的昆虫；而且，稍有异常，这些小鸟便鸣叫着飞离犀牛，使犀牛及时得到"警报"，它们和犀牛之间属于共生关系。

猜猜看

查阅资料，找找伴随犀牛的小鸟叫什么名字呢？

犀牛卡哨兵

shī zi

狮 子

狮子是现在世界上唯一一种雌雄两态的猫科动物。狮子生活在热带稀树草原和草地,也出现于灌木和旱林。分布于非洲草原、亚洲的印度。在野外,狮子可以生存10—14年,圈养下更长寿,一般可达二十余年。

生活习性

狮子通常群居生活,一个狮群平均有十几个成员。雄狮通过咆哮、散步、尿液来标记领地。常捕杀非洲水牛、瞪羚、长颈鹿,但它们更愿意猎食比如斑马、黑斑羚以及其他种类的羚羊。有时候狮子还会打野猪和鸵鸟的主意。

刚果狮

形态特征

狮子体型庞大，它的视、听、嗅觉都很发达。狮子的爪子很锋利，可缩进肉垫中，待捕猎时再伸出，有"草原之王"的称号。狮子的雌雄两态明显，雄狮有鬃毛，而雌狮没有。鬃毛有淡棕色、深棕色、黑色等；长长的鬃毛一直延伸到肩部和胸部。那些鬃毛越长、颜色越深的雄狮，常常更能吸引母狮的注意。

体长：1.9 — 3 m
体重：100 — 200 kg

你知道吗？

狮群中的母狮基本是稳定的，它们一般自出生起直到死亡都待在同一个狮群。狮群也会接纳新来的母狮。但公狮常常是轮换的，它们在一个狮群通常只待两年（也有长达六年的记录）。

猜猜看

长有鬃毛的是雄狮还是雌狮？

狮雄

老虎
lǎo hǔ

老虎是一种大型猫科动物。在南方的热带雨林、常绿阔叶林，以至北方的落叶阔叶林和针阔叶混交林中，都能很好地生活。在中国东北地区，还栖息着著名的东北虎。

- 体长：1.9 — 2.9 m
- 体重：90 — 250 kg

形态特征

虎的毛色呈浅黄或棕黄色，充斥着黑色横纹。虎的体格健壮，四肢强健有力，脚掌上有肉垫，在行走的时候不会发出声音。虎的咬合力相当惊人，能够将牛的大腿骨一口咬断。虎和狮子是世界上最大的两种猫科动物，两者的实力也难分伯仲。

雪地中的东北虎
一般也称西伯利亚虎

爪哇虎

生活习性

老虎经常单独捕食和追踪猎物。它们有固定的巢穴，一般在山林间游荡，择地而栖。老虎能游泳，且喜欢水，炎炎夏日，老虎经常会下水避暑，和狮子、猎豹不同的是，老虎并不会爬树。它们捕食时异常凶猛，通过灵敏的嗅觉追踪猎物，悄悄潜伏到猎物身后再一击即中。在亚洲，老虎是食物链顶端的猎食者。

你知道吗？

我国的东北虎是九大虎亚种中体型最大的。

猜猜看

老虎会爬树吗？

不会

袋鼠
dài shǔ

袋鼠是一种独特的有袋动物，主要分布于澳大利亚大陆和巴布亚新几内亚的部分地区。袋鼠是食草动物，多在夜间活动。袋鼠通常以群居为主，有时可多达上百只。刚出生的袋鼠非常小，大约只有1粒花生米那么大。小袋鼠在出生之后就会爬进妈妈的育儿袋中成长，直到能够独立生活再出来。袋鼠用下肢跳动，奔跑速度非常快。

体长：0.7 — 1.8 m
体重：14.5 — 90 kg

麝香袋鼠

红袋鼠

灰袋鼠

生活习性

袋鼠尾巴还是重要的进攻与防卫的武器。在野外，当袋鼠被敌人追赶的时候，它们有独特的反击办法：它们背靠大树，尾巴撑住自己，用有力的后腿狠狠地蹬踢跑过来的敌人的腹部。

你知道吗？

袋鼠是澳大利亚的象征物，出现在澳大利亚国徽以及货币上。因为袋鼠只会往前跳，不会后退，象征着永不退缩的精神。

猜猜看

跳跃时，袋鼠依靠什么保持平衡？

尾巴

大猩猩

灵长目人科包括人属、黑猩猩属、大猩猩属和猩猩属。大猩猩是世界上所有现存灵长类中体型最大的。

体重：60 — 180 kg

你知道吗？

大猩猩能发出 22 种不同的声音，这些声音都有不同的含意。例如，不满意时会发出喃喃抱怨和哼哼诉苦声；当小猩猩掉队时会发出尖颤声等。

生活习性

大猩猩是昼行性动物，每天天亮就开始活动、进食，然后休息到下午，之后再进行活动和觅食，一直到傍晚。大猩猩是林栖动物，生活在非洲雨林中，不过比起在树上活动，很多大猩猩更喜欢在地上行动。由于身体非常强壮，在自然界中，连狮子和豹子也对它退避三舍。

形态特征

大猩猩的身体虽然非常粗壮，但性格比较温和。通常状态下身高与人类相差不多，一旦站起来比成年男子还要高大。大猩猩全身披着黑色长毛，只有面部、耳朵、手足等处没有毛发；它们的面部皮肤皱褶很多，使它们的表情看起来一直很深沉。

大笑表情

猜猜看

大猩猩能发出多少种不同的声音？

22种

bào

豹

我们说的豹，通常为金钱豹，它是一种大型猫科动物，分布非常广泛，跨越亚洲、非洲的许多地区。豹可以说是敏捷猎手的代言，不论什么豹，都身材矫健，动作灵活。它们既会游泳，又善于爬树。生性灵敏，嗅觉、听觉、视觉都很好。平时擅于隐蔽，长长的尾巴在奔跑时可以帮助豹保持平衡。

生活习性

豹性情孤僻，平时习惯单独活动。白天在树上或者岩洞中休息，等到黄昏时分才开始活动，直到黎明再回去休息。豹虽会游泳，但它不喜欢水，很少到水中玩耍，这点和现代家猫一样。

形态特征

豹的身体细长，四肢有力，爪子强锐。豹的眼虹膜为黄色，在阳光的照射下瞳孔会缩为圆形。在晚上，豹的视力非常好，眼睛会有磷光闪耀。豹一共有9个亚种，我们耳熟能详的有华北豹和远东豹。

体长：1.5—1.9 m

体重：约 80 kg

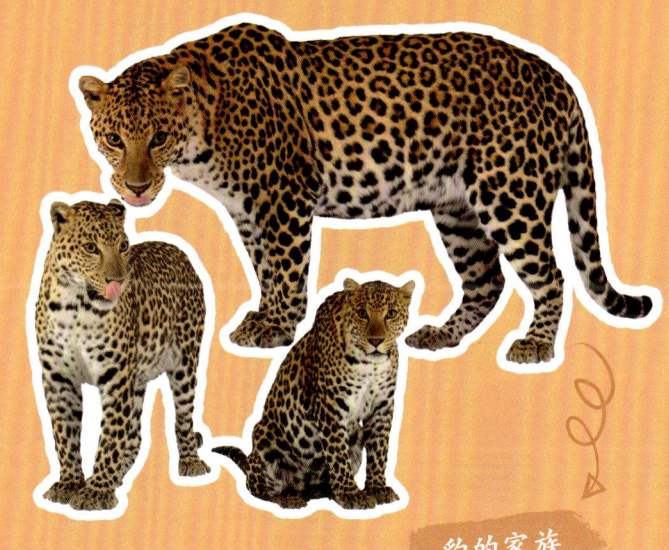

豹的家族

金钱豹

你知道吗？

猎豹和豹虽然只有一字之差，但它们不属于同一属，猎豹属于猎豹亚科猎豹属，而豹属于豹亚科豹属。

猜猜看

猎豹属于豹吗？

不属于

白鲸

bái jīng

可爱的白鲸

白鲸群夏季迁徙

白鲸是鲸鱼的一种，以多变的叫声和丰富的脸部表情闻名，广泛分布于北极与亚北极地区。白鲸的潜水能力相当强，对北极的浮冰环境有很好的适应力。

形态特征

白鲸的头部与其他鲸目动物大不相同，额隆极为鼓起而突出。由于它们的颈椎愈合程度比其他鲸目动物低，所以能以较大的幅度转动头部。嘴短而宽，可产生皱褶。腹部与侧面凹凸不平，内部充满脂肪。不具背鳍，但在背鳍的位置有狭窄的背部隆起。胸鳍宽阔，大型雄鲸的胸鳍尖端上翘。尾鳍会随年龄增长而变得华美。上、下颚各有八至九颗似钉状的牙齿。

体长：3.7 — 5.1 m
体重：700 — 1600 kg
寿命：25 — 50 年

白鲸吐泡泡

生活习性

白鲸食用各种海洋生物，包括乌贼、比目鱼、鲑鱼和鳕鱼等。由于没有太多的锋利大牙咬食猎物，所以猎物不能太大，否则白鲸有可能被噎住。白鲸主要栖息于河道入口、峡湾、港湾以及北冰洋常年有光照的温暖浅海。白鲸除了会用不同的歌喉不停地"交流"之外，还会用自己宽大的尾叶突戏水，将身体半露出水面，姿态十分美丽。

你知道吗？

白鲸还可以借助各种"玩具"嬉耍游玩。一根木头、一块石头都可以成为它们的游戏对象。

猜猜看

白鲸可以大幅度转动头部吗？

可以

抹香鲸
mǒ xiāng jīng

抹香鲸是体型最大的齿鲸，也是潜水最深、潜水时间最长的哺乳动物。抹香鲸看起来像鱼，但是并没有鳃，而是和人一样靠肺部呼吸，这意味着它们每隔一段时间都需要浮到水面上换气，再继续潜水。

生活习性

抹香鲸是群居动物，往往由少数雄鲸和大群雌鲸、仔鲸结成数十头以上的族群，甚至二三百头的大群，位于核心地位的雌鲸是抹香鲸社会关系稳定的保障。

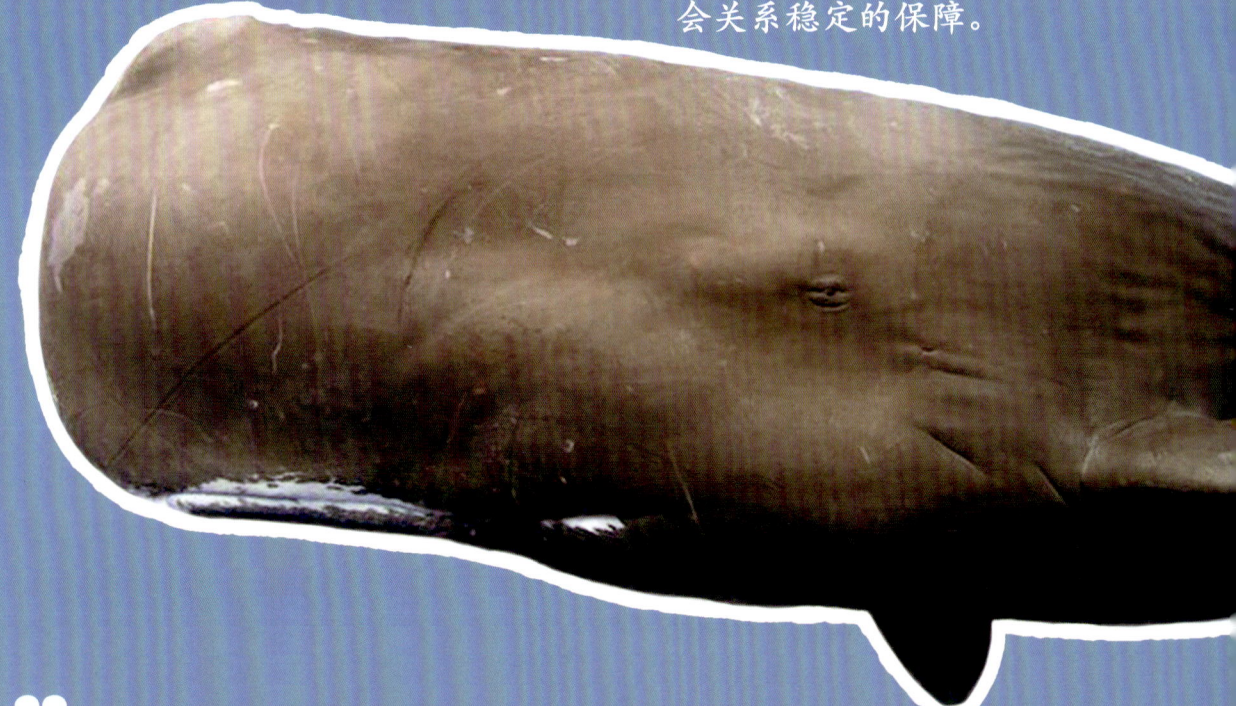

抹香鲸与水下泳者相伴

抹香鲸邮票

形态特征

抹香鲸的头部巨大，可占身体的三分之一。与身体相比，抹香鲸的头部显得不成比例的重而大，具有动物界中最大的脑，而尾部却显得既轻又小，这使得抹香鲸的身躯好似一只大蝌蚪。别看抹香鲸十分巨大，但却是很温和的动物。

- 体长：约 20 m
- 体重：约 40000 — 50000 kg
- 繁殖：胎生

你知道吗？

抹香鲸的头部储存着蜡状油，这不仅能帮助它们控制身体的漂浮，还能在使用回声定位过程中更好地捕捉声音。

猜猜看

抹香鲸可以产生一种珍贵的香料，它是……

龙涎香

29

猜猜我是谁？

小朋友，请你说一说它们的名字吧！

中国野生动物保护协会 推荐

你好，动物朋友！

会游泳的一定是鱼吗？

义圃园丁◎编

中国科学院动物研究所研究员　国家林业与草原局首席科普专家　黄乘明 审读

现代教育出版社
Modern Education Press

中国野生动物保护协会推荐

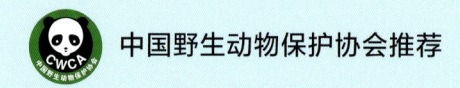

图书在版编目（CIP）数据

你好，动物朋友！．会游泳的一定是鱼吗？／义圃园丁编．—北京：现代教育出版社，2022.5
ISBN 978-7-5106-8748-8

Ⅰ．①你… Ⅱ．①义… Ⅲ．①动物—儿童读物②水生动物—儿童读物 Ⅳ．① Q95-49 ② Q958.8-49

中国版本图书馆 CIP 数据核字（2022）第 051808 号

目录

红绿灯鱼 2
射水鱼 4
小丑鱼 6
翻车鱼 8
海龟 10
青蛙 12
海马 14

剑鱼 16
鳗鱼 18
鲨鱼 20
乌龟 22
蜥蜴 24
鳄鱼 26
海豚 28

红绿灯鱼
hóng lǜ dēng yú

白化霓虹脂鲤（红绿灯白子）

红绿灯鱼，学名为霓虹脂鲤，脂鲤科，是生活在南美洲的一种淡水观赏鱼。红绿灯鱼全身笼罩着青绿色光彩，从头部到尾部有一条明亮的蓝绿色带，体后半部蓝绿色带下方还有一条短的红色带，腹部银白色，红色带和蓝色带贯穿全身，光彩夺目。因体色极为艳丽，红绿灯鱼有热带鱼中"皇后"的美称，是最受人们喜爱的淡水观赏鱼之一。如果要饲养红绿灯鱼，请购买人工繁殖的红绿灯鱼。

钻石霓虹脂鲤（钻石红绿灯）

红绿灯鱼

长鳍霓虹脂鲤（大帆红绿灯）

生活习性

红绿灯鱼喜欢在水底活动，是杂食性动物，在野外会吃一些小的昆虫和植物碎屑。人工饲养时可以投喂人工饵料、水蚤、红虫等食物。它们非常喜欢集群游动，不论在野外还是在缸养环境下，经常可以看到一整群红绿灯鱼在鱼缸里游动。红绿灯鱼在野外主要栖息在南美洲索利蒙伊斯河的黑水域和清水域，其栖息地为典型的热带雨林气候，全年炎热多雨。

形态特征

红绿灯鱼体色鲜艳华丽，背部为橄榄绿，眼睛黑色，眼眶银蓝色并镶有黑边。红绿灯鱼雌雄的主要鉴别方法为：雄鱼体比雌鱼体细长，臀鳍末端尖锐，颜色较深；雌鱼在生殖期体较丰满，臀鳍扇状，体色较浅。但实际区分并不容易，可以通过成鱼的体型来粗略地判断。

黄化钻石霓虹脂鲤（黄金红绿灯）

体长：3—4 cm

猜猜看

如何区分红绿灯鱼的雌雄？

可通过体型和臀鳍来判断

射水鱼
shè shuǐ yú

射水鱼一般指射水鱼属，是鲈形目射水鱼科的一种特殊鱼类，指分布于印度洋—太平洋地区的射水鱼科七种鱼的统称，以其能从口中射出水滴，射猎水面悬垂植物上的昆虫为食而闻名世界，发现于1766年。射水鱼爱吃动物性食物，尤其爱吃生活在水外的、活的小昆虫。在自然环境中，水面附近的树枝、草叶上的苍蝇、蚊虫、蜘蛛、蛾子等小昆虫，都是射水鱼的捕捉对象。

布氏射水鱼

体长：20 cm 左右

小鳞射水鱼

金伯利射水鱼

洛氏射水鱼
又叫古老射水鱼，是射水鱼中比较原始的品种

生活习性

射水鱼大多生活在印度洋到太平洋一带的热带沿海以及江河中，常栖息于河口、红树林和近岸浅海环境。射水鱼口腔上有一条沟，跟舌恰好贴合成一根管子，舌头上下波动，水便会强有力地从管中像箭一般发射出去，水珠射出的距离可达2米远，并能百发百中。

形态特征

射水鱼头平吻尖，身体侧扁，眼睛大，动态视力很好，能够很敏锐地发现树梢间活动的小昆虫。射水鱼的嘴可以伸缩，遇到离水面很近的昆虫，甚至会一跃而出，用嘴直接捕食。射水鱼的体色银白鲜艳，有的呈淡黄色，略带绿色，体侧有六条黑色的垂直条纹。

射水鱼捕食的瞬间

猜猜看

射水鱼水珠射出的距离可达多远？

2米

小丑鱼
xiǎo chǒu yú

黑双带小丑鱼

小丑鱼是雀鲷科海葵鱼亚科的鱼类，是一种小型热带海水鱼。小丑鱼由于体型小巧而容易被捕食，所以，经常可以看到它们和海葵一起共生。小丑鱼由于脸上有一条或两条白色条纹，类似京剧中的丑角，故被称为小丑鱼。小丑鱼生活在浅海的底部或珊瑚礁中。

公子小丑鱼

体长：10—18 cm

小丑鱼群

小科普

为何小丑鱼会被水母蜇？虽然看起来海葵和水母很接近，都是海洋软体动物，但是水母身上有小的倒钩，会束缚住猎物，小丑鱼并没有水母毒素的抗体，所以被水母蜇了它们也就成为其食物。并且水母不能主动攻击小丑鱼，一般小丑鱼都会避开。

生活习性

小丑鱼和海葵是互利共生的关系，大家知道的可能是海葵如何保护小丑鱼，但是小丑鱼其实也能赶走一些吃海葵的尖嘴鱼，从而保护了海葵。小丑鱼对海葵的颜色也很挑剔，只会挑选颜色相近的海葵。小丑鱼只可在特定的几种海葵中生活，而小丑鱼在没有海葵的环境下依然可以生存，只不过缺少保护罢了。

咖啡小丑鱼

印度红小丑鱼

太平洋三带小丑鱼

猜猜看

小丑鱼和谁是互利共生的关系？

海葵

翻车鱼
fān chē yú

翻车鱼进入浅水区与潜水员合影

  翻车鱼又称翻车鲀、曼波鱼、头鱼，是硬骨鱼纲翻车鲀科三种大洋鱼类的统称，分布于各热带、亚热带海洋，也见于温带或寒带海洋，是一种体型超大的海洋鱼类。翻车鱼的身体像鲳鱼那样扁平，利用扁平体形悠闲地躺在海面上，借助吞入的空气来减轻自己的比重。

翻车鱼

体长：3.3 — 4 m
体重：1300 — 2300 kg

形态特征

翻车鱼体呈卵圆形，尾部很短；头高而侧扁；体和鳍均粗糙。翻车鱼是河豚科的巨型亲戚，是所有多骨鱼中最重的鱼种。

印尼渔民发现巨型翻车鱼，长超2米，重1.5吨

你知道吗？

幼年的翻车鱼

翻车鱼之所以被叫作"太阳鱼"是因为人们经常看到它们翻躺在海面上，一动不动地享受"日光浴"，只有当人或者其他动物靠近时才会翻身游走。"日光浴"时，翻车鱼一只眼睛完全暴露于空气中而另一只眼睛在水下，能够同时观察到水面、水下和空中的情况。若是没有人打扰它，翻车鱼可以晒上一上午太阳。

不同亚种的翻车鱼

猜猜看

翻车鱼又被称为什么？

太阳鱼

海龟
hǎi guī

海龟是龟鳖目海龟科、棱皮龟科动物，是一种大型的海洋爬行动物，广布于大西洋、太平洋和印度洋。海龟可以长到1米多，十分长寿，可达150岁左右，性格温和，游动缓慢。我国有5种海龟，它们都是国家一级保护动物。

体长：75 — 200 cm

海龟

形态特征

海龟以海藻和其他海洋植物为食，在进化过程中，由于为了适应在水中生活，海龟的四肢变成鳍状，像桨一样自由自在地游动。和很多淡水龟类不同的是，海龟的头、颈和四肢都不能缩入甲内。海洋中共有7种海龟，主要包括棱皮龟、玳瑁、大西洋丽龟、绿海龟、红蠵龟、太平洋丽龟和平背海龟。

棱皮龟

绿海龟

生活习性

　　海龟虽然没有牙齿，但是它们的喙却非常锐利，不同种类的海龟有不同的饮食习惯。绝大多数海龟是草食动物，但也有肉食和杂食的海龟，会以鱼类、头足纲动物、甲壳动物以及海藻等为食。海龟平时生活于近海上层，但当它们繁衍后代时，会在夜晚回到沙滩上挖洞下蛋，母海龟埋好洞口后就会游回大海。

玳瑁

猜猜看

海龟有牙齿吗？

没有

青蛙
qīng wā

树蛙

金丝蛙

  青蛙是两栖纲无尾目两栖类动物的俗称,是一种完全变态的两栖类动物。原名田鸡、青鸡、坐鱼。青蛙一向被认为是卵生动物,不过科学家发现,一种生活在印度尼西亚苏拉威西岛雨林的青蛙能够直接产下蝌蚪。这种青蛙是全球6000多种青蛙中唯一一种能够"下蝌蚪"的青蛙。

红眼树蛙

形态特征

蛙类成体无尾,卵产于水中,体外受精,孵化成蝌蚪。蝌蚪用鳃呼吸,用鳍游泳,经过变态后,成体蛙类主要用肺呼吸,兼用皮肤呼吸,用足运动。青蛙前脚上有四个趾,后脚上有五个趾,双足都有蹼。青蛙头的两侧有两个略微鼓着的小包,这是它的耳膜,用于聆听周围的声音。青蛙的背上是绿色的,很光滑、很软,还有花纹,腹部是白色的。

生活习性

青蛙是杂食性动物,其中植物性食物只占其食谱的7%左右;动物性食物约占食谱的93%,和人们概念中的纯肉食动物有所不同。蛙类利用舌捕食,青蛙爱吃小昆虫,善于发现动着的小型昆虫,这是由于青蛙眼睛的结构,只能发现移动的昆虫。青蛙的绿色是很好的伪装,它在草丛中几乎和青草的颜色一样,可以保护自己不被敌人发现。不过由于皮肤裸露,不能有效地防止体内水分的蒸发,因此它们一生离不开水或潮湿的环境,怕干旱和寒冷。

姬蛙
中国产的地栖蛙

猜猜看

青蛙都是卵生动物吗?

是的

海马
hǎi mǎ

刺海马

身长：5—30 cm

海马是刺鱼目海龙科数种小型鱼类的统称。因头部弯曲，看起来很像马匹，故称之为海马。海马分布在大西洋、欧洲、太平洋、澳大利亚等海域。有趣的是，海马是地球上唯一一种由雄性抚育后代的鱼类，雄海马的腹部、正前方或侧面长有育子囊。交配期间，雌海马把卵子释放到育子囊里，雄性负责给这些卵子受精。雄海马会一直把受精卵放在育子囊里，直到它们发育成形。

海马

生活习性

海马喜欢生活在珊瑚礁的缓流中，由于它们游不快，通常像海草一样附着在珊瑚上，在珊瑚和礁石间作短距离的移动。海马是靠鳃盖和吻的伸张活动吞食食物的，主要摄食小型甲壳动物。海马的吸食速度很快，能够达到千分之一秒，肉眼看起来感觉它面前的小虾突然就消失了。

形态特征

　　海马属头侧扁，头每侧有2个鼻孔，海马有一根管形的嘴，口不能张合，通常通过吸食和吞食甲壳动物为生。海马的尾端细尖呈卷曲状，可以用卷曲的尾巴将自己固定在珊瑚或者礁石上。海马的鳍用肉眼是不太容易看出来的，在高速摄影机观察下可看到一根根活动的棘条。这些棘条能在一秒钟内来回活动70次。

丹尼斯豆丁海马

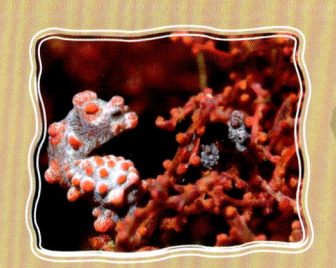

巴氏豆丁海马

猜猜看

海马中由谁来抚育后代？

雄海马

剑鱼

jiàn yú

生活习性

剑鱼是大洋性中上层暖水性洄游鱼种，会季节性越冬洄游，夏季向偏冷海域进行索饵洄游，秋季向偏暖海域进行产卵和越冬洄游，一般生活于18℃—22℃的暖水海域。

- 体长：2—5 m
- 寿命：15年

形态特征

剑鱼身体强壮且细长，呈薄形的纺锤状。剑鱼的牙齿细小，会随着成长而逐渐消失，成鱼不具颌齿。雌性通常比雄性剑鱼体型更大。在剑鱼科剑鱼属下仅有剑鱼一种，无亚种分化记录。

剑鱼

剑鱼，亦称"箭鱼"，是硬骨鱼纲鲈形目海洋鱼类，是世界上热带、亚热带海洋中一种常见鱼类，因其上颌向前延伸呈剑状而得名。当剑鱼向前游泳时，强壮有力的尾柄能产生巨大的推力，长矛般的长颌起到劈水的作用。以每小时130千米高速前进的剑鱼，坚硬的上颌能将很厚的船底刺穿。在英国伦敦博物馆，保存着一块被剑鱼"长剑"刺穿的厚达50厘米的木制船底。

你知道吗？

剑鱼的"剑"不仅锋利，而且不易折断。科学家发现，像剑鱼这种旗鱼能够修复上颌骨所受的轻微损伤，上颌骨就是形成它们的"剑"的主要结构。

野外的剑鱼

剑鱼化石

猜猜看

剑鱼中哪一种性别的体型更大？

雌鱼

鳗鱼
mán yú

鳗鱼是指属于鳗鲡目分类下的物种总称，外观类似长条蛇形的鱼类，具有鱼的基本特征，属鱼类，似蛇，但无鳞。鳗鱼身形极长，有淡水鳗鱼和海水鳗鱼之分，分布在不同的栖息地。全世界鳗鱼主要栖息于热带及温带地区水域。

花园鳗

鳗鱼

生活习性

鳗鱼在深海中产卵繁殖，小鱼只有手指长短且无法分辨性别，直至成年才能分辨出性别。几年之后，它们再次返回海洋进行交配产卵。

形态特征

鳗鱼的头狭小，身体较窄、薄且略透明。鳗鱼在陆地的河川中生长，成熟后洄游到海洋中的产卵地产卵，一生只产一次卵，产卵后就死亡。这种生活模式，被称为降河洄游性。鳗鱼的性别是后天环境决定的，族群数量少时，雌鱼的比例会增加，族群数量多时则减少，整体比例有利于族群的增加。

自然界中的鳗鱼

电鳗

黄鳗

日本鳗

猜猜看

鳗鱼的性别由什么决定？

后天环境决定

鲨鱼
shā yú

鲨鱼是海洋中最凶猛的鱼类。鲨鱼早在恐龙出现前三亿年就已经存在在地球上，至今在地球上已超过五亿年，它们在近一亿年来几乎没有改变。鲨鱼在古代叫作鲛、鲛鲨、沙鱼，是海洋中的庞然大物，所以号称"海中狼"。所有的鲨鱼都是软骨鱼，它们的骨架由软骨构成。软骨有更轻、更具有弹性的特点。

大白鲨

小科普

传统观念认为鲨鱼的软骨，包括鱼翅中蛋白质含量很高，但这是错误的。鸡蛋的蛋白质含量远远超过鱼翅。此外，研究显示，由于鲨鱼体内易于富集汞，同时鲨鱼翅中含有一定量的神经毒素，故食用鱼翅后对人体有潜在危害。

⊖ 体长：0.15 — 20 m

鲸鲨
须鲨目

生活习性

鲸鲨是海洋中体型最大的鲨鱼，最小的鲨鱼是侏儒角鲨。大白鲨是目前为止海洋里最强大的鲨鱼，以强大的牙齿称雄，别称噬人鲨，是鼠鲨目噬人鲨属的大型凶猛鲨类。

虎鲨目

鲨鱼并不那么可怕

猜猜看

鱼翅中蛋白质含量很高吗？

错误，鸡蛋含量远高于鱼翅

乌龟
wū guī

中华草龟（长寿龟）

乌龟属于爬行纲龟鳖目龟科，是现存古老的爬行动物之一，别称草龟、泥龟和山龟等。乌龟的特征为身上长有非常坚固的甲壳，受袭击时龟可以把头、尾及四肢缩回龟壳内（除海龟和鳄龟外）以抵御外敌。

背甲长：7.3 — 17 cm

印度星龟

刺山龟
也被称为"太阳龟"

非洲豹龟
全球第四大陆龟

中华花龟
性情温顺

形态特征

乌龟身体可分为头、颈、躯、尾和四肢，宽短的躯体包含于龟壳内。龟壳由拱起的背甲和扁平的腹甲构成，陆龟的壳多呈面包状，高而圆；水龟相对就扁很多，这样的结构能够使水龟很好地减少在水中游动的阻力；而半水栖龟的龟壳则介于两者之间。龟的听觉不敏锐，主要依靠触觉和嗅觉。

生活习性

乌龟属于半水栖、半陆栖性爬行动物，主要栖息于江河、湖泊、水库、池塘及其他水域。白天多闲居水中，夏日炎热时，便成群地寻找荫凉处。乌龟性情温和，相互间无咬斗，遇到敌害或受惊吓时，便把头、四肢和尾缩入壳内。乌龟是杂食性动物，以动物性的昆虫、螺虫、小鱼，植物性的嫩叶、浮萍、瓜皮等为食。乌龟耐饥饿能力强，数月不食也不致饿死。

猜猜看

乌龟遇到敌害或受到惊吓时会怎么做？

会缩头、四肢和尾巴缩入壳内。

蜥蜴
xī yì

蜥蜴属于冷血动物，俗称"四脚蛇"，广布于全世界，在地球上分布大约有3000种左右，我国已知的有150余种。从数厘米长的褐壁虎，到2—3米长的砂巨蜥都有。蜥蜴与蛇有密切的亲缘关系。

中国水龙

鬃狮蜥

沙漠蜥蜴

形态特征

蜥蜴是爬行类中种类最多的族群，有些被称为蛇蜥的种类脚已经退化，只留下一些脚的痕迹构造。它们因为有眼睑和耳朵，所以能与蛇区分。多数蜥蜴具四足，后肢肌肉有力。

生活习性

大部分蜥蜴为肉食性，以昆虫、蚯蚓、蜗牛，甚至老鼠等为食。但也有以仙人掌或海藻为主食或是杂食性的。蜥蜴生活环境各异，可生活于地下、地表或高大的植被中，沙漠及海岛中均可见。由于蜥蜴是变温动物，最为重要的环境因素为温度，在较冷的天气蜥蜴需要长时间照射阳光，以此提高自己的体温。

海鬣蜥

猜猜看

蜥蜴与蛇有密切的亲缘关系，又被俗称为什么？

四脚蛇

è yú
鳄鱼

○ 体长：1.25 — 4 m

鳄鱼是爬行动物的一种，是一种卵生的冷血动物，也是迄今活着的最早和最原始的动物之一。鳄鱼出现于三叠纪至白垩纪的中生代，它和恐龙是同时代的动物，属肉食性动物。鳄鱼大多栖息在淡水中，多生活在热带、亚热带地区的河流、湖泊和沼泽中。鳄鱼主要以鱼类、水禽、野兔、鹿、蛙等为食。

鳄鱼

鳄鱼虽然个体庞大，却是卵生

小科普

鳄鱼到12岁时达到性成熟，开始生儿育女，它们每次产卵20—40枚。幼鳄出壳以后，鳄鱼妈妈会把小鳄鱼背在背上，带着它们一起生活，等到小鳄鱼半岁了，就会离开妈妈，自己勇闯天下了。

生活习性

鳄鱼的卵是利用太阳热和杂草受湿发酵的热量进行孵化的。幼鳄的性别由孵化的温度决定，但母鳄会平衡所产儿女的比例。它们会把有的巢建在温度较高的向阳坡，有的巢建在温度较低的低凹遮蔽处。30摄氏度以上的温度孵化出来的多是公鳄鱼，30摄氏度以下则是母鳄鱼。

你知道吗？

鳄鱼真的会流眼泪，但并不是因为它伤心，科学家们认为鳄鱼这是在排泄体内多余的盐分。盐腺使它能将海水中多余的盐分去掉，从而得到淡水。

猜猜看

鳄鱼的性别由什么决定？

温度

海豚 hǎi tún

海豚是生活在海洋中的鲸目哺乳动物，是一种小到中等尺寸的鲸类。海豚主要栖息于热带的温暖海域中。它们喜欢成群结队地生活在大群体中，群内的成员间有多种有趣的合作方式。海豚依赖回声定位进行捕食。海豚群经常追随船只乘浪前行，时而跃水腾空，时而在水中翻滚。海豚友善的形态和爱嬉闹的性格，十分受人类欢迎。

海豚

形态特征

多数种类的海豚背鳍呈镰刀形，少数品种呈圆形。和鲨鱼背鳍不同的是，其曲线看起来更加柔和。白海豚背鳍的基部形成增厚的脊或驼峰，露脊海豚则完全没有背鳍。海豚的体色基本由黑、白、灰三色组成，但也有罕见的粉红色白化海豚。粉红海豚很少见，因为这样的体色在海洋中更容易被掠食者发现。

小科普

海豚是大型鲨鱼的克星，主要有三个原因：

1. 海豚速度比鲨鱼快，而且动作更加灵活；

2. 大型鲨鱼向来独来独往，海豚则是群居。海豚强有力的武器是它的喙，高速戳击下会令骨质特殊的鲨鱼内脏破裂而死；

3. 海豚使用声波攻击时会令所有鱼类方寸大乱，判断力降低，失去原有战斗力。

体长：1.5 — 10 m
体重：50 — 15000 kg

白海豚

长吻真海豚

猜猜看

海豚可以依靠什么方法进行捕食？

回声定位

猜猜我是谁？

小朋友，请你说一说它们的名字吧！

中国野生动物保护协会 推荐

你好，动物朋友！

义圃童书

鸟一定会飞吗？

义圃园丁◎编

中国科学院动物研究所研究员　国家林业与草原局首席科普专家　**黄乘明** 审读

现代教育出版社
Modern Education Press

中国野生动物保护协会推荐

图书在版编目（CIP）数据

你好，动物朋友！. 鸟一定会飞吗？/ 义圃园丁编. — 北京：现代教育出版社，2022.5
ISBN 978-7-5106-8748-8

Ⅰ. ①你… Ⅱ. ①义… Ⅲ. ①动物—儿童读物②鸟类—儿童读物 Ⅳ. ① Q95-49 ② Q959.7-49

中国版本图书馆 CIP 数据核字（2022）第 051809 号

目 录

猫头鹰 2
蜂鸟 4
海鸥 6
白鹭 8
老鹰 10
天鹅 12
黄鹂 14

孔雀 16
鸵鸟 18
企鹅 20
喜鹊 22
燕子 24
鹦鹉 26
鹤 28

猫头鹰

猫头鹰，亦称"鸮"，是一种夜行猛禽，主要以鼠类和野兔为食，偶尔也捕猎中小型鸟类、青蛙、鱼和较大的昆虫等。猫头鹰的夜视能力和听力都是绝佳的，即使地上铺着厚厚的白雪，它们也能听到地下田鼠活动的声音。猫头鹰捕猎时会采取突然袭击的方式，同时发出尖锐的叫声，使猎物陷于极度恐慌之中，束手就擒。

- 体长：12—70 cm
- 最大总翼展：2 m

纵纹腹小鸮

谷仓猫头鹰

形态特征

猫头鹰种的数量为200余种。大部分种类为夜行性肉食性动物。形态大都头宽大，嘴短而粗壮，前端成钩状，头部正面的羽毛排列成面盘，部分种类具有耳状羽毛。双目的分布以及面盘和耳羽使它们的头部与猫极其相似，所以俗称"猫头鹰"。虽然名字中带有鹰，但猫头鹰不是鹰。

小科普

猫头鹰（也作枭、鸮）是现存鸟类中在全世界分布最广的鸟类之一。除了南极地区以外，世界各地都可以见到猫头鹰的踪影。中国常见的种类有雕鸮、鸺鹠、长耳鸮和短耳鸮。

猜猜看

猫头鹰是鹰吗？

不是

蜂鸟
fēng niǎo

蜂鸟是世界上最小的鸟类。蜂鸟的羽毛色彩鲜艳，闪耀着金属光泽，非常漂亮。它们有可伸展的分叉舌头，便于吸食花蜜。蜂鸟是典型的小脚鸟类，它们不能在地面行走，在栖木上变换位置也是通过飞行而不是行走。蜂鸟的许多骨骼和飞行肌都已适应在空中悬停和高速机动的飞行，它们是唯一一种能真正悬停和前后飞行的鸟类。

蓝尾蜂鸟

体重：2 — 21 g

体长：6 — 12 cm

小科普

没有蜂鸟的重量会超过24克。这大概相当于一汤匙糖的重量。最大的蜂鸟是巨蜂鸟。

黄尾冕蜂鸟

绿芒果蜂鸟

形态特征

蜂鸟飞翔时两翅急速拍动，快速、有力而持久，频率可达每秒70次左右，人类肉眼无法看清蜂鸟翅膀的运动。蜂鸟善于持久地在花丛中徘徊"停飞"，有时还能倒飞。蜂鸟没有发达的嗅觉系统，而主要依赖视觉。蜂鸟约90%的食物来自花蜜。

生活习性

成年蜂鸟已知的天敌有蛇、林隼以及某些蝙蝠。雌性蜂鸟以"之"字形或半圆形飞抵巢穴，避免直接引入捕食者。

猜猜看

最大的蜂鸟叫什么？

巨蜂鸟

hǎi ōu
海 鸥

　　海鸥是鸥科鸥属的一种海鸟,中等体型,生活在近海地域。它们是候鸟,每年都会迁徙,当天气变冷后则南飞到更加温暖的地区生活。海鸥喜欢群集于食物丰盛的海域,是最常见的海鸟,常在海边、海港、盛产鱼虾的渔场上成群地在水面上游泳、觅食、低空飞翔。

- 体重:300 — 500 g
- 体长:38 — 44 cm
- 翼展:106 — 125 cm
- 寿命:24 年

小科普

海鸥是海上航行安全的"预报员"。比如，海鸥贴近海面飞行，那么未来的天气将是晴天；若是沿着海边徘徊，天气将会逐渐变坏。海鸥之所以能预见暴风雨，是因为它的骨骼是空心管状的，没有骨髓而充满空气，就像气压表，能及时地预知天气变化。此外，海鸥翅膀上的一根根空心羽管，也像一个个小型气压表，能灵敏地感觉到气压的变化。

飞翔的海鸥

形态特征

海鸥是一种较大的飞禽，被羽为白色或者灰色，翅膀尖带有黑色斑块，虹膜呈黄色，脚和嘴巴带有绿色。海鸥身姿健美，惹人喜爱。

海鸥

猜猜看

海鸥为什么能预知天气变化？

海鸥的空心骨骼和翅膀上的空心羽管可以敏锐感知气压的变化。

白鹭 (bái lù)

白鹭是鹭亚科白鹭属的鸟类，共有13种。全身羽毛呈白色，生殖期间枕部垂有两条细长的长翎作为饰羽，腿呈黑色或黄色，长长的腿部让白鹭能够在湿地中轻松行走。白鹭栖息于海滨、水田、湖泊、红树林及其他湿地，常见与其他鹭类及鸥鹬等一起。大白鹭只在白天活动，步行时颈收缩成"S"形。主要在水边浅水处涉水觅食，边走边啄食。

飞翔的白鹭

○ 体长：约 50 — 90 cm

生活习性

白鹭

迁徙：部分为夏候鸟，部分为旅鸟和冬候鸟。通常在3月末到4月中旬迁到北部繁殖地，10月初开始迁离繁殖地到南方过冬。迁徙时常成小群或成家族群，呈斜线或呈一定角度迁飞。

集群：常成单只或10余只的小群活动，有时在繁殖期间也会有多达300多只的大群。

食物：以直翅目、鞘翅目、双翅目昆虫，甲壳类、软体动物，水生昆虫以及小鱼、蛙、蝌蚪和蜥蜴等动物为食。

你知道吗？

白鹭有时会强占同一树上的喜鹊巢，将巢拆掉来营建自己的巢。但是由于巢呈浅盘状，结构较简陋，有时候小白鹭会从巢里掉下去，若是没有及时营救，小白鹭就会变成掠食者的盘中餐了。

猜猜看

白鹭步行时颈收缩成什么形？

呈"S"

老鹰
lǎo yīng

赤腹鹰

老鹰，性情凶猛，眼睛锐利，嘴呈黄色，上嘴弯曲，脚强健有力，趾有锐利的爪，翼大善飞。老鹰广泛分布于世界的各大洲。老鹰是一种肉食性的类群，以鸟、鼠和其他小型动物为食。老鹰一般多在白天活动，多栖息于山林或平原地带，如苍鹰、雀鹰（鹞子）等。

小科普

老鹰在不同的国家文化中都代表自强不息、勇敢顽强的精神。

你知道吗？

著名的鹰类有苍鹰、雀鹰、赤腹鹰、阿根廷巨鹰。

苍鹰

白头海雕

老鹰一般指鹰属的各种鸟类。老鹰分布在地球上除了南极洲以外的每一个大陆，在丛林、沼泽地、树林、高山、海滨都有老鹰的踪迹。

- 体长：54—69 cm
- 体重：900—1160 g
- 寿命：50 年

猜猜看

著名的鹰类有什么？请说出它们的名字。

答：苍鹰、雀鹰、半蹼鹞、白腹白尾海雕

tiān é
天鹅

疣鼻天鹅

　　天鹅是雁形目鸭科的一种鸟类生物,属游禽,除非洲、南极洲外的各大陆均有分布,为鸭科中个体最大的类群。嘴基部高而前端缓平,眼腺裸露;尾短而圆,喜欢群栖在湖泊和沼泽地带,主要以水生植物为食,也吃螺类和软体动物。天鹅多数是一夫一妻制,相伴终生。

- 体长:139 — 163 cm
- 体重:1 — 6 kg
- 翼展:2.03 m
- 寿命:32 年

天鹅

黑颈天鹅

黑天鹅

生活习性

天鹅是一种冬候鸟，有迁移的习性，一过十月份，它们就会结队南迁。它们在南方气候较温暖的地方越冬、养息。繁殖期主要栖息于开阔的湖泊、水塘、沼泽、水流缓慢的河流和邻近的苔原低地和苔原沼泽地上，冬季主要栖息在多芦苇、蒲草和有其他水生植物的大型湖泊、水库、水塘与河湾等地方，也出现在湿草地和水淹平原、沼泽、海滩及河口地带，有时甚至出现在农田原野。

形态特征

大天鹅又叫白天鹅、鹄，是一种大型游禽，雄体长约1.5 m，体重可超过10 kg，雌体较小。全身羽毛呈纯白色，嘴端为黑色，嘴基黄色达鼻孔前方。它们的头颈很长，约占体长的一半，在游泳时脖子经常伸直，两翅贴伏。由于它们优雅的体态，古往今来，天鹅成了美丽纯真与善良的化身。

猜猜看

天鹅属于候鸟吗？

是的

黄 鹂
huáng lí

捕食害虫的黄鹂

黄鹂是一种中等体型的鸣禽，在中国是知名鸟类。黄鹂体表有一层颜色亮丽的黄色体羽。雄性黄鹂全身有亮黄色和黑色分布，而雌鸟的羽色较暗淡而多绿色，同时在翅膀和眼睛周围，有明显的黑色条状纹路，看起来就像是带了个面罩，容易辨别。黄鹂是益鸟，善于抓虫。

黄鹂对鸟

体长：20 — 23 cm（黑枕黄鹂）

小科普

黄鹂往往在春天进行繁育，雄鸟在繁殖期鸣声清脆悦耳。繁殖期间，雄鸟和雌鸟会共同以树皮、麻类纤维、草茎等在水平枝杈间编成吊篮状悬巢，结构紧密。黄鹂的蛋是粉红色的，上面具玫瑰色的斑纹。

黑枕黄鹂雄鸟

生活习性

黄鹂主要生活在阔叶林中，大多数为留鸟，并不会随着季节变换而迁徙。黄鹂栖息于平原至低山的森林地带，或村落附近的高大乔木上，平时在枝间穿飞觅食昆虫、浆果等，很少到地面活动。黄鹂羽色艳丽，鸣声悦耳动听。不过黄鹂天性胆小机警，不容易被看到。

黄鹂

猜猜看

黄鹂的蛋是什么颜色？

粉红色，上面具有玫瑰色的斑纹。

孔雀 kǒng què

- 体长：80 — 240 cm
- 寿命：20 — 25 年

蓝孔雀虽原产湿热地区，但也能在北方冬季生存；绿孔雀则经受不了太冷的气候。孔雀每年二月中旬进入繁殖期，每窝下蛋4 — 8枚。

孔雀是一种鸡形目雉科孔雀属鸟类，是鸡形目体型最大者。有羽冠，雄孔雀的尾毛很长，展开时像扇子。人们所说的孔雀通常指蓝孔雀和绿孔雀。蓝孔雀头上羽冠是扇形的，颈部羽毛为丝状，胸颈部为金属蓝色，脸颊为白色，主要分布在印度和斯里兰卡。绿孔雀头上羽冠是簇形，颈部羽毛为鳞状，胸颈部体羽为翠金属绿色，脸颊为黄色，分布在东南亚和中国。雄性孔雀以能开屏而闻名于世。雄孔雀羽毛翠绿，下背闪耀紫铜色光泽，尾上覆羽特别发达，平时收拢在身后，伸展开来长约1 m，其羽毛绚丽多彩，羽支细长，犹如金绿色丝绒，其末端还具有众多由紫、蓝、黄、红等色构成的大型眼状斑，开屏时反射着光彩，好像无数面小镜子。

孔雀开屏

你知道吗？

白孔雀是人工养殖下蓝孔雀的变异种。它就像一位美丽端庄的少女，仿佛穿着一件雪白高贵的婚纱，是一种极其漂亮的孔雀，但是在雌孔雀眼里，雄白孔雀的单调色彩反而没有蓝孔雀和绿孔雀的斑斓色彩更具有吸引力。

生活习性

孔雀栖息在沿河的灌木和低山林地。清晨和傍晚成群活动，中午多上树或林中阴凉处休息，晚上在树上栖息，在地面上筑巢。主要以种子、昆虫、水果和小型爬行类动物为食。

白孔雀（蓝孔雀的变异）

小科普

孔雀被视为"百鸟之王"，是最美丽的观赏鸟类，是吉祥、善良、美丽、华贵的象征。

猜猜看

能够开屏的孔雀是雄孔雀还是雌孔雀？

雄孔雀

鸵鸟
tuó niǎo

鸵鸟常以5—50只为一群生活，常与食草动物相伴。

鸵鸟是鸵鸟科唯一的物种，是非洲一种体形巨大，不会飞但跑得很快的鸟，也是世界上现存体型最大的鸟。鸵鸟全身有黑白色的羽毛，脖子无毛，翼短小，腿长。鸵鸟的脖子长而灵活，裸露的头部、颈部以及腿部通常呈淡粉红色，有着很粗很长的黑色睫毛，具备优秀的视力以及察觉危机的能力。

- 身高：1.5—2.75 m
- 奔跑速度：60—72 km/h
- 体重：60—160 kg

生活习性

鸵鸟是群居、日行性走禽类，适应沙漠荒原中的生活，嗅觉、听觉灵敏，善于奔跑，跑时以翅扇动相助，一步可跨8 m，鸵鸟跳跃可达3.5 m。

形态特征

雄性成鸟体羽大多为黑色，翼羽及尾羽为白色，且呈美丽的波浪状。白色的翅膀及尾羽衬托着黑色的羽毛，让雄鸟在白天格外显眼，它的翅膀及羽色主要用来求偶。

刚出生的小鸵鸟

你知道吗？

鸵鸟蛋是目前世界上最大的蛋。一般长达 15 cm，宽 8 cm，重量可达 1.5 kg，相当于 30 枚鸡蛋的重量。一枚鸵鸟蛋，就能够让 24 人享用。

鸵鸟

猜猜看

目前世界上最大的蛋是什么？

鸵鸟蛋

企鹅
qǐ é

企鹅属于企鹅目企鹅科，是一种最古老的游禽，有"海洋之舟"的美称。它们可能在南极洲未被冰雪覆盖之前就已经在南极安家落户。全世界已知的企鹅共有18种，大多数都分布在南半球，虽然我们印象中的企鹅都生活在冰天雪地之中，但是有一种企鹅——加岛环企鹅是生活在赤道附近的。

生活习性

企鹅以海洋浮游动物为食，主要是南极磷虾，有时也捕食一些腕足类、乌贼和小鱼。当人们靠近它们时，它们并不望人而逃，有时若无其事，有时羞羞答答，不知所措。科学家猜测，可能是因为它们很少见到人，所以对待人类的态度更多是好奇心使然，而不会恐惧。

帝企鹅

摄影师拍摄南极企鹅罕见跳水瞬间

巴布亚企鹅

形态特征

- 身高：0.4—1.1 m
- 体重：1—35 kg

企鹅虽然是鸟类但是却不能飞翔，能在零下60℃的严寒中生活。在陆地上，它就像身穿燕尾服的西方绅士，背部黑色，腹部白色，短距离移动经常是一摇一摆地向前行，但是长距离移动时则会利用腹部在冰面上滑行。企鹅分为6属18种25亚种，包括王企鹅属、阿德利企鹅属、冠企鹅属、黄眼企鹅属等。体型最大的企鹅物种是帝企鹅，最小的是小蓝企鹅。

幼年的企鹅体羽是灰色的，看起来像是一颗猕猴桃

猜猜看

企鹅都生活在冰天雪地之中吗？

在热带地区也有企鹅生存哦

喜鹊
xǐ què

喜鹊是雀形目鸦科鹊属，共有 10 个亚种。喜鹊的头、颈、背至尾均为黑色或者藏青色，并自前往后分别呈现紫色、绿蓝色、绿色等光泽，喜鹊的翼肩有一大形白斑，颜色对比强烈。

- 体长：40 — 50 cm
- 体重：180 — 260 g

喜鹊展翅

喜鹊

生活习性

喜鹊的栖息地多样，常出没于人类活动地区，喜欢将巢筑在民宅旁的大树上。喜鹊大多是成对生活，杂食性，食性广，在旷野和田间觅食，捕食昆虫、蛙类、小型爬行动物等小型动物，也盗食其他鸟类的卵和雏鸟，在对应的季节，还会取食瓜果、谷物、植物种子等。喜鹊在每年冬季繁殖，每窝产卵5—8枚，孵化18天左右小喜鹊出生。

小科普

喜鹊的巢常筑在高大的树木树冠的顶端。每年寒冬11—12月，喜鹊便开始衔枝营巢。造巢工作雌雄都要参加，但雄鹊要更辛苦些。由于鹊巢所用的枝条粗大，有的刚能勉强衔起飞行，雌鹊体力难以胜任，所以大多由雄鹊负责运输。

猜猜看

喜鹊在中国象征了什么？

吉祥

燕子 (yàn zi)

燕子是雀形目燕科74种鸟类的统称，燕子消耗大量时间在空中捕捉害虫，是最灵活的雀形类之一，主要以蚊、蝇等昆虫为食，是众所周知的益鸟。

雨燕

形态特征

燕子体型小，翅尖长，尾叉形，背羽大都呈蓝黑色，因此，古时把它叫作玄鸟。燕子的口裂很宽，是典型食虫鸟类的嘴型，脚短小而爪较强。世界上有家燕、岩燕、灰沙燕、金腰燕和毛脚燕等20多种，中国有4种，其中，以家燕和金腰燕等比较常见。

燕子喂食

◯ 体长：13 — 18 cm

家燕

生活习性

燕子是典型的候鸟，有明显的迁徙习性。表面上看，是北方冬天的寒冷使得燕子离乡背井去南方过冬，其实不然。在北方的冬季是没有昆虫可供燕子捕食的，而食物的匮乏使燕子不得不每年进行一次南北大迁徙，以得到更为广阔的生存空间。

小科普

燕子的飞行速度非常快，而且非常灵活，连老鹰都追不上它。

猜猜看

"年年春天来这里"反映了燕子什么样的特性？

候鸟特性

鹦鹉
yīng wǔ

你知道吗？

鹦鹉之最

世界上最聪明的鹦鹉——非洲灰鹦鹉

世界上最深情的鹦鹉——牡丹鹦鹉

世界上最普遍的鹦鹉——虎皮鹦鹉

世界上唯一不会飞的鹦鹉——鸮鹦鹉

- 体长：12—100 cm
- 寿命：7—80 年

金刚鹦鹉

鹦鹉是鹦形目鸟类，典型的攀禽，对趾型足，两趾向前两趾向后，适合抓握，鸟喙强劲有力，可以食用硬壳果。它们以其美丽的羽毛，善学人语的特点，为人们所欣赏和钟爱。鹦鹉种类非常繁多，有2科82属358种，在拉丁美洲和大洋洲的种类最多，在非洲和亚洲种类要少得多，但在非洲却有一些很有名的种类，如非洲灰鹦鹉、牡丹鹦鹉等。

牡丹鹦鹉

形态特征

鹦鹉中体型最大的当属紫蓝金刚鹦鹉，身长可达 100 cm，最小的是红胸侏鹦鹉，身长仅有 9 cm。鹦鹉携带巢材的方式很特别，不是用那弯而有力的喙，而是将巢材塞进很短的尾羽中。

紫蓝金刚鹦鹉

小科普

鹦鹉可以学会各种技艺，如衔小旗、接食、骑自行车、拉车、翻跟斗等。鹦鹉与人类的文明发展息息相关，它们也是人们最好的伙伴和朋友。在长期的驯养过程中，鹦鹉带给人们不少的欢乐。但要记住，不要私自饲养野生鹦鹉哟！

猜猜看

世界上最普遍的鹦鹉叫什么？

虎皮鹦鹉

hè

鹤

形态特征

鹤有很长的嘴，能够轻松而准确地抓住水中的鱼虾，再扬起脖颈吞食猎物。鹤的大长腿还能够在沼泽和水田中轻松行走，并获得良好的视野。

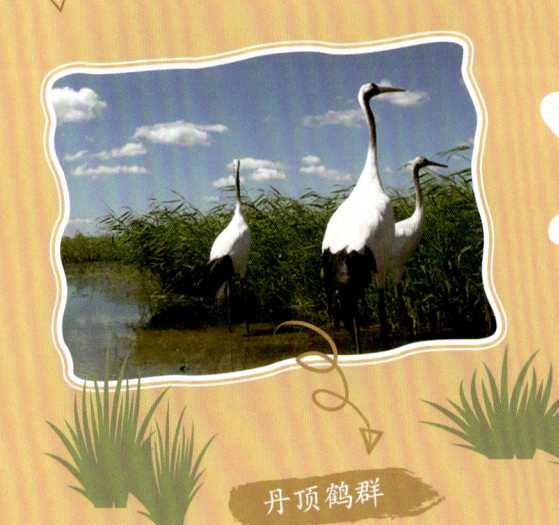

体长：120 — 160 cm

丹顶鹤群

飞翔的丹顶鹤

鹤是一种大型涉禽，颈、脚很长，为黑色，羽毛大多呈白色，头顶有一抹鲜红色。鹤常栖息于开阔平原、沼泽、湖泊、草地等地带，有时也出现于农田和耕地中，尤其是迁徙季节和冬季。鹤的食物很杂，主要有鱼、虾、水生昆虫以及水生植物的茎、叶、块根、球茎和果实等。鹤的骨骼外坚内空，强度是人类骨骼的7倍，飞行时后面的个体能够依次利用前面个体扇翅时所产生的气流，从而进行快速、省力、持久的飞行。

小科普

冠鹤是最古老的鹤类。在鹤类中，白鹤、美洲鹤、丹顶鹤是三个数量最濒危的物种，而灰鹤和沙丘鹤是数量最多的鹤类。我国有9种鹤，即丹顶鹤、灰鹤、蓑羽鹤、白鹤、白枕鹤、白头鹤、黑颈鹤、赤颈鹤、沙丘鹤。其中最著名的是丹顶鹤；数量最多，分布最广的是灰鹤；个体最大的是赤颈鹤；最小的是蓑羽鹤。

生活习性

鹤常成对或成家族群和小群活动。在夜间多栖息于四周环水的浅滩上或苇塘边，彼此仍按家族群分散栖息，天特别冷时则靠得很近。

白头鹤

猜猜看

鹤的骨骼强度是人类骨骼的多少倍？

7倍

猜猜我是谁？

小朋友，请你说一说它们的名字吧！

中国野生动物保护协会 推荐

义圃姿书

你好，动物朋友！

我们的鞋子一样吗？

义圃园丁 ◎ 编

中国科学院动物研究所研究员　国家林业与草原局首席科普专家　**黄乘明** 审读

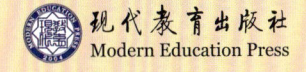

现代教育出版社
Modern Education Press

中国野生动物保护协会推荐

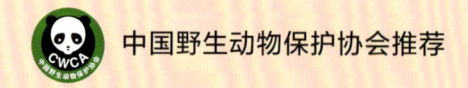

图书在版编目（CIP）数据

你好，动物朋友！. 我们的鞋子一样吗？/ 义圃园丁编 . — 北京：现代教育出版社 , 2022.5

ISBN 978-7-5106-8748-8

Ⅰ . ①你… Ⅱ . ①义… Ⅲ . ①动物—儿童读物 Ⅳ . ① Q95-49

中国版本图书馆 CIP 数据核字（2022）第 051812 号

目 录

非洲水牛 2

长颈鹿 4

骆驼 6

绵羊 8

奶牛 10

牦牛 12

山羊 14

羚羊 16

斑马 18

羊驼 20

猪 22

驴 24

马 26

鹿 28

非洲水牛
fēi zhōu shuǐ niú

- 身高：1.4—1.7 m
- 体重：300—900 kg

非洲水牛又称好望角水牛，是一种产于非洲的牛科动物，是非洲的五大兽之一，也是非洲草原上最常见的动物。非洲水牛是群居动物，只有年老或受了伤的才会落单。牛群中最强壮的母牛是族群的领袖。非洲水牛可说是无水不欢，从不远离水源。日间会避开烈日高温，常躲在阴凉处或浸泡在水池、泥潭中保持身体凉爽。

非洲水牛群

被人类猎捕的非洲水牛

非洲水牛成功逃脱狮子围捕

生活习性

非洲水牛交配和分娩严格定在雨季，雨季过后食物充足，在相当长一段时间内水源也不会干涸，是繁殖的最佳时间。等小牛出生后，母牛将密切关注小牛的安全，同时警惕其他公牛靠近。因为一头发情的公牛有时候会攻击小牛。

你知道吗？

非洲水牛是非洲最危险的动物之一（其他有大象、黑犀牛、河马和鳄鱼等），是攻击性最强和脾气最暴躁的，也是非洲伤人最多的动物之一。受伤、落单或带着小牛的母牛尤其具有攻击性。

猜猜看

在非洲水牛中领袖是公牛还是母牛？

母牛

长颈鹿
cháng jǐng lù

长颈鹿是一种生长在非洲的反刍偶蹄动物，和骆驼是近亲。它们是世界上现存最高的陆生动物。长颈鹿平时生活在非洲稀树草原地带，是草食动物，以树上的嫩芽、树叶等为食。在野外，长颈鹿的寿命为27年左右，主要分布在非洲的南非、埃塞俄比亚、苏丹、肯尼亚、坦桑尼亚和赞比亚等国，是南非的国兽。

- 身高：6—8 m
- 体重：700—2000 kg

生活习性

长颈鹿是群居动物，有时和斑马、鸵鸟、羚羊混群。它们的嗅觉、听觉敏锐，平时走路悠闲，但一旦遇到危险，奔跑迅速。它们在清晨和傍晚取食，主要吃各种树叶，尤喜含羞草属的树叶。

世界上独一无二的"长颈鹿旅馆"

形态特征

长颈鹿的皮毛颜色花纹有斑点和网纹型；长颈鹿的头顶有1对骨质短角，角外包覆皮肤和茸毛；颈特别长（约2 m），颈背有1行鬃毛；长颈鹿的牙齿为原始的低冠齿，能够咀嚼食物；舌头较长，可以用于取食。

你知道吗？

长颈鹿的睡眠时间很少，一个晚上一般只睡两个小时，由于晚上是肉食动物活动的时间，睡眠有时会使它们面临危险。长颈鹿大部分时间都是站着睡，通常是站着并呈假寐的状态。

猜猜看

长颈鹿与谁是近亲？

羊卡

骆驼
luò tuo

骆驼是骆驼科骆驼属的哺乳动物，只有两种，单峰驼和双峰驼。骆驼的脖子粗长，弯曲如鹅颈。躯体高大，体毛呈褐色。骆驼可以在没有水的条件下生存3周，没有食物也可生存一个月之久。

生活习性

骆驼能忍饥耐渴，数日不喝水，仍能在炎热、干旱的沙漠地区活动。由于它们鼻内有很多极细而曲折的管道，水在体内反复循环被利用，所以非常耐渴。

单峰驼

双峰驼

形态特征

一般骆驼的行进速度为 14.5 — 16 km/h。它能驮运 180 kg 重的货物每天走上 64 km 的路程，并可连续走上 4 天。

你知道吗？

除单、双峰驼外，还有 4 种生活在南美洲的类似骆驼的骆驼科动物：大羊驼、阿尔帕卡羊驼、原驼、小羊驼。

- 身高：2 — 3.3 m
- 体重：453 — 685 kg
- 寿命：25 — 50 年

猜猜看

骆驼只有两种，你知道是哪两种吗？

单峰驼和双峰驼

绵羊
mián yáng

绵羊是牛科羊亚科哺乳动物，身体丰满，体毛绵密，头短。雄羊有螺旋状的大角，雌羊没有角或仅有细小的角。绵羊的毛色为白色。绵羊在世界各地均有饲养，性情既胆怯，又温顺，易驯化。绵羊耐渴，可以为人类提供肉和毛皮等产品。

你知道吗？

澳大利亚发现一只"胖"得走不动路的羊，果断对它实施"解救行动"。剪羊毛的工人忙活了好久，竟然从此羊身上剪下40多千克羊毛，足可织30件羊毛衫！

形态特征

绵羊按尾型可分为细短尾羊、细长尾羊、脂尾羊、肥臀羊。

寿命：10—15年

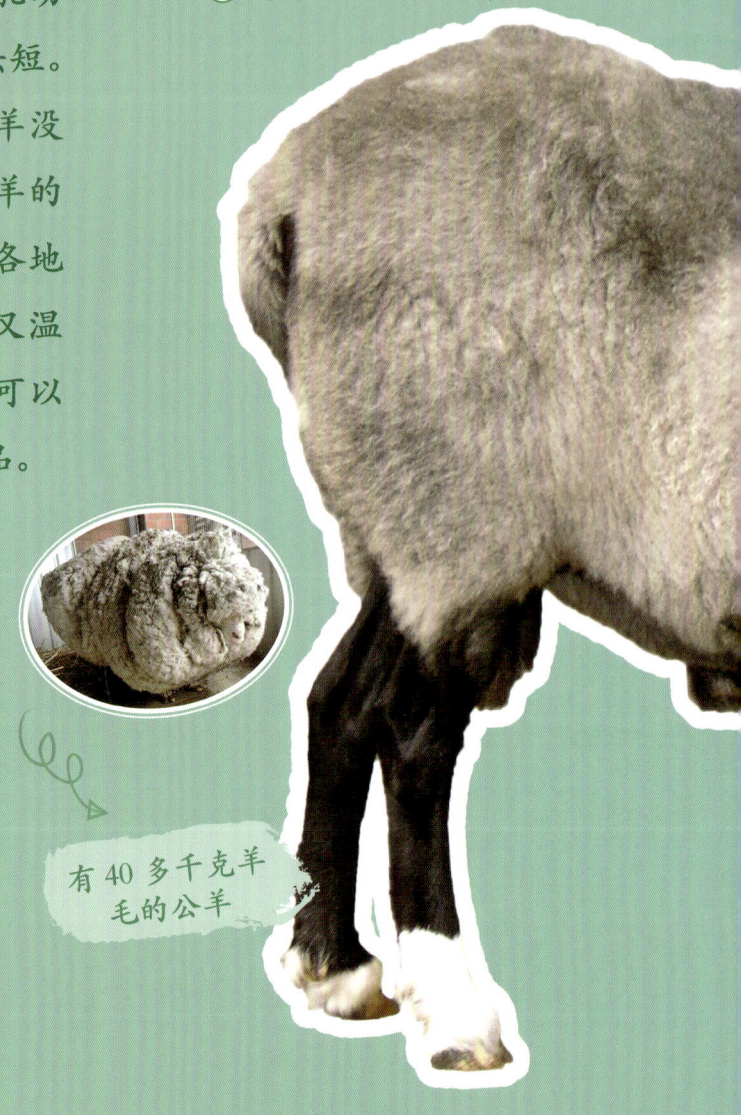

有40多千克羊毛的公羊

细短尾羊 　　　　细长尾羊 　　　　小尾寒羊

生活习性

绵羊有跟随领头羊（通常是老母绵羊）集合成群的习性。放牧时喜欢向高处采食，夜间也喜欢睡在牧地高处。由于被毛的保温和隔热作用，绵羊能耐寒、耐热，一般喜干燥而怕湿热。

猜猜看

中国饲养绵羊最多的地方是哪里？

内蒙古、新疆等地

奶牛
nǎi niú

奶牛是人工培育用于产奶的黄牛品种，是经过高度选育繁殖的优良品种。我国的奶牛以黑白花奶牛为主，此品种适应性强、分布范围广、产奶量高、耐粗饲。黑白花奶牛也叫中国荷斯坦奶牛，因选育方向不同，形成乳用和乳肉兼用两型。

- 身高：1.3 — 1.47 m
- 体重：900 — 1200 kg

形态特征

奶牛体型高大，结构匀称，皮薄、脂肪少，被毛细短，毛色往往呈明显的黑白色或者黄色，奶牛的乳房大而丰满，奶牛有四只乳头，一般两列均匀，长5—8 cm，多余的副乳头短小，一般都不出奶，后天会自然萎缩。

你知道吗？

牛奶营养全面，是适合长期饮用的饮品，也是现代乳品工业的重要原料。长期饮用能够增强人体体质，也能补充钙质。

猜猜看

产奶的奶牛都是母奶牛吗？

是的

牦牛
máo niú

牦牛是高寒地区的特有牛种，是草食性反刍动物。牦牛是世界上生活在海拔最高处的哺乳动物（除人类外），主要分布在喜马拉雅山脉和青藏高原。

- 身高：1.1 — 1.3 m
- 体重：250 — 450 kg

天祝白牦牛

野牦牛

九龙牦牛

形态特征

　　牦牛是大型偶蹄类动物。牦牛和普通的牛相像，不过体型更大，还有很多独有的特征，如比普通牛角长得多的犄角，覆盖全身的长毛，等等。牦牛的形状如水牛，全身褐黑色或棕黑色，天祝白牦牛是牦牛中最特别的一种，全身呈白色，看起来颇为神圣。牦牛的皮毛粗硬，体侧、胸部、肩部、四肢上部和尾部均密生长毛，长33 cm左右。

生活习性

　　牦牛对环境的适应性很强，可适应高寒生态条件。牦牛的长毛可以保暖，其体内的血红蛋白含量高，呼吸、脉搏快，可适应高原缺氧环境。牦牛是一种集体生活的生物，合群性很高，在冬季碰到了风暴也能靠集体取暖渡过难关。

猜猜看

全身呈白色的牦牛是什么品种？

天祝白牦牛

山羊

shān yáng

山羊是反刍亚目羊亚科的动物，又称夏羊、黑羊或羖羊，和绵羊一样，是最早被人类驯化的家畜之一。中国山羊饲养历史悠久，早在夏商时代就有记载。山羊具有繁殖率高、适应性强、易管理等特点。

绒山羊

奶山羊

黑山羊

生活习性

山羊勇敢活泼，敏捷机智，喜欢登高，善于游走，属活泼型反刍动物，爱角斗；能食百样草，对各种牧草、灌木枝叶、作物秸秆、菜叶、果皮、藤蔓等均可取食。山羊是典型的社会性动物，喜欢在一起活动，集体活动对于保护种群和个体都有极大的意义。

形态特征

山羊角细，但很长，向两侧开张。全球已有150多个山羊品种，主要可以分为以下类别：奶山羊、毛山羊、绒山羊、毛皮山羊、肉黑山羊和普通地方山羊。

你知道吗？

山羊的瞳孔在扩大时，其形状接近长方形，这是由山羊眼睛玻璃体的光学特性、视网膜的形状和敏感度以及山羊的生存环境决定的。

猜猜看

山羊的瞳孔在扩大时，接近什么形状？

长方形

líng yáng
羚 羊

羚羊是偶蹄目牛科动物，分布广泛，以草类、灌木浆果、树叶嫩芽为食，羚羊白天出来活动、进食，它们的性格非常机敏，在进食时会时不时抬头观察四周情况，一旦有任何风吹草动，就会通知其他正常进食的羚羊。

- 身高：约 0.7 m
- 体重：40 — 50 kg
- 体长：1.1 — 1.3 m

形态特征

羚羊的体型和山羊相仿，但没有胡须；羚羊的眼睛大且向左右突出，往往有着厚密的体毛，通常呈灰褐色，但针毛的毛尖会呈现黑褐色，在远处看过去似乎像是麻点，所以也有"麻羊"之称。

瞪羚

藏羚羊

生活习性

羚羊是草食动物，牛科中的一个类群。种类繁多，体形优美、轻捷，四肢细。羚羊经常5～10只成群，有时候一群会多达数百只不等，成群结队生活是羚羊的法宝，它们通过相互帮助和自身的机警躲过一次又一次的危机。羚羊一般生活在草原、山区、灌木地带或沙漠，羚羊的性格很谨慎，常出没在人迹罕至的地方，极难接近。

扭角羚

你知道吗？

藏羚羊是羚羊中最为珍贵的一种，是中国青藏高原的特有动物、国家一级保护动物，也是列入《濒危野生动植物种国际贸易公约》中严禁进行贸易活动的濒危动物。

猜猜看

羚羊中最为珍贵的一种是什么？

羊羚藏

斑马
bān mǎ

你知道吗？

没有任何动物比斑马的皮毛更与众不同。斑马周身的条纹和我们的指纹一样，没有任何两头斑马的条纹完全相同。

斑马是生活在非洲的一种奇蹄目马科马属动物。分布在非洲东部、中部和南部，因身上有起保护作用的黑白相间的斑纹而得名，是非洲的代表性动物。斑马的适应能力很强，这归功于它强大的消化系统，可以在低营养条件下生存。

生活习性

斑马是典型的草食性动物。除了草之外，灌木、树枝、树叶甚至树皮也是它们的食物。斑马常和其他食草动物混杂行动，一起生活，一旦遇到危机就会相互通知，以此相互帮助。斑马有很强的社会性，属于群居动物。

平原斑马

山斑马
体型最小的斑马

形态特征

斑马是由400万年前的原马进化来的，据猜测，最早出现的斑马可能是细纹斑马。目前斑马有3个种，为平原斑马、细纹斑马和山斑马。山斑马是世界上体型最小的斑马，体型比另外两个亚种更加迷你，而细纹斑马是体型最大的一种斑马。

- 身高：1.2 — 1.55 m
- 寿命：20 — 30 年

猜猜看

世界上体型最小的斑马叫什么？

山斑马

羊驼
yáng tuó

羊驼为偶蹄目骆驼科，是主要生活在美洲的特有动物。羊驼既有某些和骆驼相似的地方，也有某些和绵羊相仿的特点。比如它的颈较长，蹄子是肉质的，走路的姿态也相似。

- 身高：1.2 — 2.25 m
- 体重：55 — 65 kg

生活习性

羊驼的性情温顺，胆子小，如果人去喂它，羊驼一定要等人走开后才去吃，即使是面对很熟悉它的主人也是如此。但是，它发脾气时是很有威力的，比如它遇到不顺心的事时，能像骆驼那样从鼻中喷出分泌物或向别的动物脸上吐唾沫。当它感到痛苦时，会像骆驼一样发出悲惨的声音。

另类品种"黑白配"

华卡约

苏利羊驼

形态特征

羊驼拥有修长的身材和颈部，头小、耳朵大而尖。皮毛颜色有单色也有多色。据统计，羊驼的颜色多达22种，从白色到黑色和棕色。羊驼头似骆驼，鼻梁隆起，能够适应高海拔的环境。

猜猜看

羊驼是如何发脾气的？

它会朝讨厌的人或其他动物吐口水，那可是从胃中喷出来的。

zhū
猪

体重：300 — 500 kg

猪是偶蹄目猪形亚目猪科的哺乳动物。猪是一种杂食类哺乳动物，身体肥壮，四肢短小，口吻较长，猪的平均寿命可达20年，是农业五畜之一。在十二生肖里叫作"亥"猪。

小科普

猪，在一般人的印象中是又笨又脏的动物，但事实上，它可是又聪明又爱干净的动物，猪的智商和学习能力甚至比狗都强。古人养猪似乎只是供食用，而现在还有人拿猪当宠物呢！

金华猪　　八眉猪　　东北民猪

藏猪　　荣昌猪　　陆川猪

你知道吗？

中国神话中，在天宫排生肖那天，玉帝规定了动物们必须在某个时辰到达天宫。猪自知体笨行走慢，便半夜赶去排队。等猪拼死拼活爬到南天门，时辰已过。猪苦苦央求，其他五畜（马、牛、羊、鸡、狗）也为之求情，最后感动了天神，把猪放进南天门，使猪当上了最后一名生肖。

猜猜看

你知道十二生肖都有哪些动物吗？

鼠、牛、虎、兔、龙、蛇、
马、羊、猴、鸡、狗、猪

驴

lú

驴是哺乳纲奇蹄目马科马属。马和驴同属马属，但不同种，它们有共同的起源。驴的体型比马和斑马都小，但人工驯化的驴在农业生产中的价值比马还大呢。驴和马有不少共同特征：第三趾发达，有蹄，其余各趾都已退化。

驴的家庭

身高：1.1—1.3 m
体重：250—290 kg

形态特征

驴多为灰褐色，有着大而长的耳朵，驴的胸部稍窄，看起来四肢纤弱，躯干较短，不过驴的体质非常健壮，抗病能力很强。

农业工作中的家驴

生活习性

驴体质强健，不易生病。家驴的祖先非洲野驴一般栖息于沙漠、草原荒漠和草原上，既耐干旱，又耐严寒。藏野驴通常见于海拔 3000 — 5100 m 的开阔高原或山间丘陵盆地，是所有野驴中最珍贵的一种。

你知道吗？

骡子是马和驴的杂交种。骡子的体型非常大，还结合了驴和马的优点，它不仅耐力很强，力量大，性情温顺而且聪敏，还很善解人意。不过由于生殖隔离，骡子并不具备繁殖能力。

猜猜看

马和驴杂交的后代叫什么？

骡子

mǎ
马

马是草食性哺乳动物。中国是最早开始驯化马的国家之一，距今6000年左右时，有几个野马变种已被驯化为家畜。马的驯化晚于狗和牛。马的"家"称作"马厩"。

生活习性

马喜食带有甜味的食物，但是不喜欢酸味。野生的马也会在夏季寻找灌木浆果食用。马的嗅觉很发达，依靠嗅觉适应环境、鉴别污水或有害的饲草饲料。

你知道吗？

中国有句成语——老马识途，来源于古时候齐桓公应燕国的要求，出兵攻打入侵燕国的山戎，在山中迷路了，放出老马，跟着老马找到了出路的故事。

大宛马，又称"血汗宝马"　　普氏野马（国家一级保护动物）　　法拉贝拉

形体特态

- 身高：0.6 — 2 m
- 体重：200 — 1200 kg

马的头面平直而偏长，从侧面看有优美的曲线；马的四肢修长，蹄质坚硬，能在坚硬地面上快速奔驰。它们的汗腺发达，在行进中全身都会出汗，这样有利于调节体温。马的感光力很强，在夜间也能看到周围的物体。马是站着睡觉的。

猜猜看

马是如何睡觉的？

鹿 lù

鹿属于哺乳纲偶蹄目动物。体型大小不等，是一种有角的反刍类动物。一般仅雄性有一对角，雌性无角。目前全世界约有52种。

形态特征

雄鹿的特征是生有实心的分叉的角，角是雄鹿的第二特征，同时也是争夺配偶的武器，到了交配的季节，雄鹿们为了争夺喜爱的雌鹿，会用角作为武器争斗，胜利的一方享有雌鹿。

- 体长：0.75 — 2.90 m
- 体重：9 — 800 kg

雌性梅花鹿

雄性梅花鹿

生活习性

鹿是典型的草食性动物，吃草、树皮、嫩枝和幼树苗。鹿平时生活在森林边缘或山地草原地区，季节不同，栖息地也会有所改变。鹿性情机警，行动敏捷，听觉、嗅觉均很发达，视觉稍弱，胆小易惊。

你知道吗？

鹿初长出的角叫茸，外面包着皮肤，有毛，有血管大量供血，是名贵的中药材（鹿茸）。

猜猜看

雄鹿的第二特征是什么？

长着角

猜猜我是谁？

小朋友，请你说一说它们的名字吧！

中国野生动物保护协会 推荐

你好，
动物朋友！

萌萌的都可爱吗？

义圃园丁 ◎ 编

中国科学院动物研究所研究员　国家林业与草原局首席科普专家　**黄乘明** 审读

现代教育出版社
Modern Education Press

中国野生动物保护协会推荐

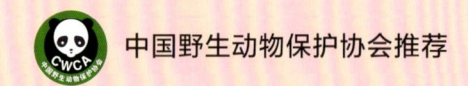

图书在版编目（CIP）数据

你好，动物朋友！. 萌萌的都可爱吗？/ 义圃园丁编. — 北京：现代教育出版社, 2022.5

ISBN 978-7-5106-8748-8

Ⅰ. ①你… Ⅱ. ①义… Ⅲ. ①动物—儿童读物 Ⅳ. ① Q95-49

中国版本图书馆 CIP 数据核字（2022）第 051810 号

目 录

秋田犬 2
土拨鼠 4
水獭 6
紫貂 8
河狸 10
老鼠 12
松鼠 14
兔子 16
臭鼬 18
狐獴 20
狐狸 22
浣熊 24
狼 26
猫 28

秋田犬
qiū tián quǎn

秋田犬是日本国犬，是日本犬的一种，也是日本六大天然纪念物之一。秋田犬在日本是以对饲主忠诚而闻名的家庭宠物犬，它们的性格沉着温顺，感觉敏锐，身强力壮，勇敢，易于训练，是非常优秀的陪伴犬。

- 身高：61—71 cm
- 体重：34—54 kg

小科普

1934年，在涩谷车站前为八公建立了塑像和纪念碑。东京涩谷车站前的八公犬塑像也成了人们约会的标志性建筑。秋田犬八公对日本人的情感产生了重要影响，电影《忠犬八公》让全世界了解了秋田犬。

忠犬八公像

有趣的表情

你知道吗？

电影中八公的主人是东京的大学教授上野英三郎。上野教授上班时，它会陪教授一起到东京涩谷车站，下班时它又会主动去接主人。一天，上野教授上班时突然去世，当天八公没有等来主人。但此后近10年时间里，八公每天早晚都准时来到车站，仿佛主人还在人世。

猜猜看

和秋田犬有关的一部日本电影叫什么名字？

《忠犬八公》

土拨鼠
tǔ bō shǔ

- 身长：30—40 cm
- 体重：3—7 kg

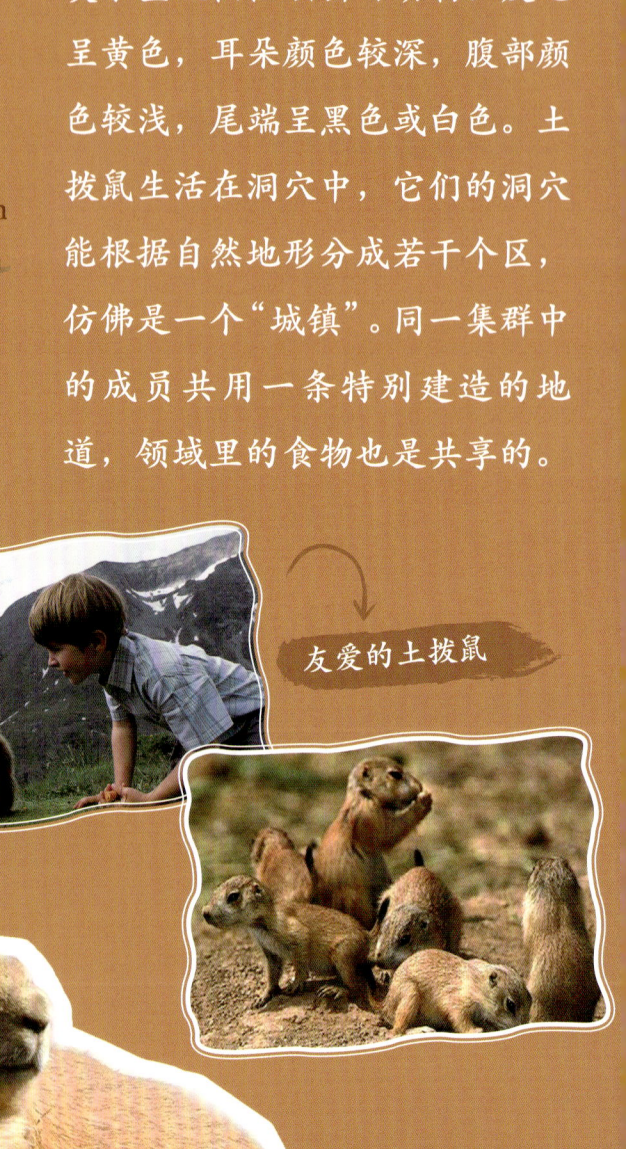

土拨鼠，也称"旱獭"，是一类小型穴栖性啮齿目动物。皮毛呈黄色，耳朵颜色较深，腹部颜色较浅，尾端呈黑色或白色。土拨鼠生活在洞穴中，它们的洞穴能根据自然地形分成若干个区，仿佛是一个"城镇"。同一集群中的成员共用一条特别建造的地道，领域里的食物也是共享的。

友爱的土拨鼠

一个小家庭的成员

北美草原犬鼠

草原犬鼠

生活习性

土拨鼠有一套基本独立的地道系统，在2万平方米的土地下面充满了最深可达5米的地道。土拨鼠是一种自然施肥者，它们可以连续不断地修剪草原，使草原增加蛋白质的含量和分解草的能力。

你知道吗？

土拨鼠遇到威胁时，它们会大叫作为警报。土拨鼠能够用独特的鼠语进行交谈。土拨鼠甚至可以说"方言"，彼此之间能够用带有家乡口音的"方言"沟通。

猜猜看

土拨鼠会说"方言"吗？

会的

水獭 shuǐ tǎ

水獭为鼬科水獭属动物。水獭平时喜欢穴居，白天休息，夜间出来活动，除交配期外，平时都单独生活，善于游泳和潜水，听觉、视觉、嗅觉都很敏锐，食性较杂。一年四季都能交配。主要栖息于河流和湖泊一带，尤其喜欢生活在两岸林木繁茂的溪河地带。

形态特征

水獭身躯修长，扁圆。脑袋宽而稍扁，眼睛稍突而圆，耳朵小，四肢短。体背部为咖啡色，腹部呈灰褐色。

- 体长：70 — 75 cm
- 尾长：30 — 50 cm

有时候水獭还会做出这样有趣的动作

捕食成功的水獭

生活习性

　　水獭白天隐匿在洞中休息,夜间出来活动,是典型的夜行性动物。水獭游动的速度很快,而且升降和转向十分灵活,在水下潜游可达4—5分钟,潜行距离也相当远。水獭的食物主要是鱼类,也捕捉小鸟、青蛙、虾、蟹及甲壳类动物,有时还吃一部分植物性食物。水獭之所以善于潜水,是因为它在水中能自行关闭鼻孔和耳道的瓣膜,防止水流入。

你知道吗?

　　水獭是鳄鱼的天敌。灵活的水獭会把鳄鱼咬住,完全拿捏鳄鱼的软肋,让它没有办法反击,等到鳄鱼完全失去战斗力的时候,水獭就会叫上自己的伙伴,一同享用这顿大餐。

猜猜看

水獭在水中如何防止水流入鼻子和耳朵呢?

水獭可以关闭鼻孔和耳道的瓣膜

紫貂
zǐ diāo

紫貂属于鼬科貂属，广泛分布于俄罗斯乌拉尔山、西伯利亚，蒙古，中国东北以及日本北海道等地。主要以小型哺乳动物和森林鸟类为食。在中国，紫貂只产于东北地区，与人参、鹿茸并称为"东北三宝"。

体长：约 40 cm
体重：约 1 kg

生活习性

紫貂善于爬树，行动敏捷灵巧，活动于密林深处，在石缝、树洞或树根下筑巢。紫貂为夜行性动物，通常是夜间外出觅食，但是在食物短缺时，也会白天出来寻找食物。

形态特征

紫貂的躯体细长，四肢较短，头型狭长，耳短而圆，嗅觉、听觉灵敏。它的休毛丰厚，全身体毛呈褐棕色。紫貂在捕食和避敌的时候连跑带跳，一般纵跳可达30厘米左右。

你知道吗？

貂的皮毛有很强的保暖性，过去人们常为此猎杀紫貂。为了保护野生紫貂资源，我国已经把紫貂列为国家一级保护野生动物。

猜猜看

紫貂生活在中国的哪个地区？

东北

河狸
hé lí

河狸，旧称"海狸"，是哺乳纲啮齿目的一种可爱的小动物，喜欢栖息在寒温带针叶林和针阔混交林林缘的河边。河狸的前肢短宽，后肢粗大，脚趾间有蹼，能够让它在水中自由自在地游动。河狸从水中出来后皮毛是滴水不沾的，这都归功于它们皮毛上的油脂。不仅如此，河狸的香腺分泌物"河狸香"还是名贵香料，是世界上四大动物香料之一。

正在练习啃咬的小河狸

- 体长：60 — 100 cm
- 尾长：21 — 38 cm
- 体重：17 — 30 kg
- 寿命：12 — 20 年

形态特征

河狸是中国啮齿动物中最大的一种，而在全球，最大的啮齿类动物是南美洲的水豚。河狸的门齿锋利，咬肌尤为发达，自然界很少有河狸无法啃断的植物。

游泳的河狸

生活习性

河狸喜欢吃多种植物的嫩枝、树皮、树根，比如杨、柳的幼嫩枝叶。到了夏季，河狸还能在岸边采食草本植物。在河狸栖息的地区，时常能见到碗口粗的树桩，这就是河狸的杰作，河狸将树木、树杈咬断，作为它们筑坝、垒巢的上好材料。

你知道吗？

河狸被誉为大自然的"伐木工"，一棵直径40厘米的大树，对于河狸而言，只需2小时就能咬断！河狸通过这样的方式获得自己筑巢的材料。

猜猜看

河狸出水后皮毛上为什么没有水？

因为它们的毛上有油脂。

老鼠
lǎo shū

老鼠是哺乳纲啮齿目鼠科啮齿类动物。老鼠的身体呈锥形，警觉性高，嗅觉灵敏。老鼠一般在夜间活动，胆小，确保安全才会出洞。老鼠是杂食动物，最爱吃的是谷物类和各种坚果。老鼠是进化非常完善的生物，高智能，同类能够随时交流，能够跳出身长四五倍的长度，会倒立，会游泳，能够连续潜水3天。

形态特征

老鼠是现存最原始的哺乳动物之一，它们的生命力旺盛、数量繁多，并且繁殖速度极快。老鼠几乎什么都吃，在什么地方都能生存下来。

寿命：1—3年

屋顶鼠

黄金仓鼠

为人类医学做贡献的小白鼠

奶酪也是老鼠的最爱

家鼠

仓鼠

褐家鼠

你知道吗？

老鼠可是近视眼，它们的触须就是"导盲棒"，所以才喜欢沿着墙边奔跑。

生活习性

老鼠喜欢把窝建在有食物、有水源的地方，出门觅食会走固定路线，避免危险。一旦有动静或者变化，立即会引起它的警觉，不敢向前，在多次反复确认后才会继续前行。

猜猜看

老鼠为什么喜欢沿着墙边奔跑？

13

松鼠
sōng shǔ

松鼠属于哺乳纲啮齿目松鼠科，泛指一大类尾巴上披有蓬松长毛的啮齿动物。现有约58属285种，分布遍及南极以外的各大洲。

体长：18—26 cm

形体特征

松鼠一般体形细小，四肢强健，长着毛茸茸的长尾巴，爪子锐利。松鼠的耳朵长，耳尖有一束毛，冬季此特征尤其显著。夏天松鼠的毛呈黑褐色或赤棕色，冬季会转变为灰色、烟灰色或灰褐色。

你知道吗？

松鼠的生活习性与其他鼠类很不相同，它们很喜欢在白天出来活动、嬉闹，特别在清晨更为活跃哦！

生活习性

松鼠一般在茂密的树枝上筑巢，或者利用乌鸦和喜鹊的废巢做窝，有时也在树洞中做窝。它们除了吃野果之外，还吃嫩枝、幼芽、树叶和昆虫，当然，它们的最爱还是松果啦。每到秋天，松鼠就开始贮藏食物以过冬。

松鼠的颊囊可以用来储存食物

猜猜看

松鼠在一天中的哪个时段比较活跃？

白昼

兔子
tù zi

兔是哺乳纲兔形目兔科下所有属的总称。一般俗称"兔子"。亚洲东部、南部、非洲和北美洲种类最多，少数种类分布于欧洲和南美洲。

宠物兔

生活习性

兔子主食干草、鲜草和蔬菜。兔子是一种胆小的动物，野生的兔子在进食时都高高地竖着耳朵，一有风吹草动就抬头观望四周情况。不过，当兔子感到非常高兴时，就会出现原地跳跃的行为，有时候兔子也会边跳跃边摆头。兔子成年后，可能出现绕圈转的行为，绕圈转是一种求爱的行为，有时候也会同时发出咕噜的叫声。

体重：2—8 kg

形体特征

兔子看起来非常可爱，是因为它们大大的眼睛和二头身的比例。兔子有厚厚的毛，它们的绒毛有极强的保温作用，能够使其在中国北方的冬天熬过恶劣的天气。兔子的尾巴短，毛茸茸的。兔子平时是跳跃前进的，它们的前肢比后肢要短，有利于跳跃。

白兔

垂耳兔

野兔

你知道吗？

兔子的"家"一般有很多洞，以此躲避敌害，所以中国有句成语是"狡兔三窟"。

猜猜看

兔子高兴时会有什么行为?

跑来跑去

17

臭鼬
chòu yòu

臭鼬是鼬科裂脚亚目的一种小型肉食哺乳动物。它们常栖息在树林、平原和沙漠等地区，白天在洞中休息，黄昏和夜晚出来活动。臭鼬是杂食动物，秋冬季以野果、小型哺乳类动物及谷物为食，而春夏季多以昆虫和谷物等为食。

小科普

臭鼬以奇臭的腺体分泌物作为防卫武器，这种伴随着极强的刺激性臭味的液体会导致被击中者短时间内失明，臭鼬借此可以悄然逃走。

- 体长：61—68 cm
- 尾长：22.5—25 cm
- 体重：1.4—6.6 kg
- 寿命：22 年

形态特征

臭鼬的体毛为黑色，身体两边有明显的白色条纹。前额也有一条较窄的白色条纹。雄性臭鼬成年后体型大于雌性臭鼬，雄性臭鼬在发情期间有一定的攻击性。

刚出生的臭鼬

斑点臭鼬

长尾条纹臭鼬

你知道吗？

唯一对臭鼬气味免疫的动物是猫头鹰的亲戚——美洲雕，因为它没有嗅觉，所以完全不害怕臭鼬。有人曾在一只美洲雕的巢里发现了57只臭鼬尸体。

生活习性

臭鼬以家庭为单位生活，是典型的社会性动物。一窝一般是产5—6只仔，但有时也会多达10—12只。臭鼬有筑巢的习惯，雄性臭鼬会找寻一个泥土松软的、舒适的地方，用落叶、树枝、树皮等筑造一个安全的巢穴。

猜猜看

臭鼬遇到危险时会怎样做？

会释放出有臭味的液体

犰狳
qiú yú

犰狳，又称"铠鼠"，是生活在中美和南美热带森林、草原、半荒漠及温暖的平地和森林中的一种濒危物种。犰狳与食蚁兽和树懒有近亲关系。犰狳的骨质甲覆盖头部、身体、尾巴和腿外侧，头部、前半部和后半部的骨质甲是分开的，犰狳身体中间的骨质甲成带状，可以灵活活动。在遇到危险时，全身蜷缩成球形，用甲胄来保护自己。在身体没有骨盘的地方长有稀疏的毛。犰狳前脚上生有强有力的爪子，用于挖洞。

- 身长：15 — 100 cm
- 体重：50 kg 以上
- 寿命：10 — 15 年

遇到危险时，
卷成球状的犰狳

生活习性

为了生存，犰狳除了身上御敌的甲胄之外，还养成了昼伏夜出的习性。犰狳的栖息处可以是茂密的灌木丛、草地、荒野和自然界形成的天然洞穴，它们的适应能力非常强。

小科普

《山海经》："有兽焉，其状如菟而鸟喙，鸱目蛇尾，见人则眠，名曰犰狳。"在中国古代记载中，还有这么一段："兽名。似菟而鸟嘴，鸱目而蛇尾，见人则装死。"上面记载所描述的物种与犰狳相似。

猜猜看

犰狳遇到危险时会怎样做？

紧缩成球状，由由来保护自己。

狐狸
hú li

狐狸有着灵活的大耳朵，能够对四周的声音进行准确定位。狐狸的嗅觉灵敏，修长的腿能够快速奔跑。不同种类的狐狸遍布于北美、欧洲、亚洲，甚至极地地区。在狐狸被引进澳大利亚用于控制兔子数量之前，澳大利亚没有狐狸。

♥ 寿命：4—14年

生活习性

狐狸一般生活在森林、草原和丘陵地带，喜欢住在树洞里或小土洞里。狐狸喜欢傍晚时分外出觅食，直到天亮才回窝。老鼠、野兔、小鸟、鱼、蛙、蜥蜴、野果都是它们喜欢的食物。当它们猛扑向猎物时，毛发浓密的长尾巴能够保持平衡。

小科普

刚出生的小狐狸是黑灰色的，只有鼻尖是粉红色。它们刚出生时什么也看不见，只能依靠母亲的保护和喂养。1个月后，小狐狸就能够慢慢地站立了，眼睛变大，长出浅棕色的毛。

银黑狐
赤狐的一种基因突变种

雪狐

赤狐

形体特征

狐狸身体瘦长，有着厚厚的长毛。它们的大耳朵平常直立着，大多数狐狸的耳朵是三角形。狐狸拥有敏锐的视觉、嗅觉和听觉，还能够听到地底下田鼠活动的声音。狐狸有两层毛发，分别是长长的针毛和柔软纤细的下层绒毛，绒毛具有极强的保暖效果，针毛一般是浓艳的红褐色或白色。

猜猜看

狐狸的尾巴在捕猎时有什么作用？

保持平衡

23

浣熊
huàn xióng

浣熊是浣熊科浣熊属的动物，原产自北美洲。浣熊的眼睛周围有一圈深色皮毛。因其常在河边捕食鱼类，让人误以为它在水中浣洗食物，所以被称为"浣熊"。

- 体长：65 — 75 cm
- 尾长：20 — 40 cm
- 体重：4 — 10 kg

形体特征

在城市、郊区和野外都能看到浣熊的出没，可以说，浣熊是一种适应城市生活的野生动物。浣熊的尾巴长，有黑白环纹，也有一些浣熊的尾巴颜色呈黄白相间。

准备过冬的浣熊

浣熊的手指很灵活

生活习性

虽然浣熊是肉食动物,但偏于杂食。春天和初夏的饮食主要是昆虫、蠕虫等。夏末、秋季及冬天,它更喜欢吃水果和坚果。浣熊特别喜欢吃鱼、两栖动物和鸟蛋。它会用双手抓住小鱼或者上树掏鸟蛋。浣熊还是"游泳健将",喜欢栖息在靠近河流、湖泊或池塘的树林中,能够随时下水嬉闹,捕食猎物。它们白天大多在树上或者树洞中休息,晚上才出来活动。到了冬天,北方的浣熊还要躲进树洞去冬眠,它们会一觉睡到来年的春天。

你知道吗?

浣熊是夜行性动物,晚上十二点后才出来活动,加上眼睛四周的黑色针毛,看起来和眼罩一样,所以在加拿大被称为"神秘小偷"。

猜猜看

浣熊原产自哪里?

北美洲

狼

láng

狼是犬科哺乳动物，是现代犬的祖先，在中国属于二级保护动物。狼平时群居而生，耐寒，会捕杀羊、鹿等食草动物，它们善于快速及长距离奔跑，能够不吃不喝连续三天追踪猎物。

形态特征

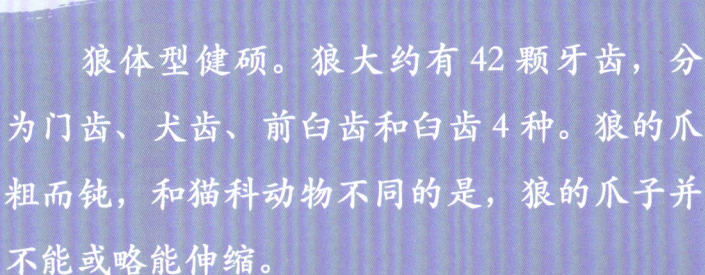

狼体型健硕。狼大约有42颗牙齿，分为门齿、犬齿、前白齿和白齿4种。狼的爪粗而钝，和猫科动物不同的是，狼的爪子并不能或略能伸缩。

生活习性

狼以食草动物及啮齿动物等为食。多生活在森林、沙漠、山地、寒带草原、针叶林、草地。狼团队作战的特点，可以更有效地保护后代不受其他捕食者的侵扰，而且狼的行动迅速，善于合作攻击对手的弱点，即咬断猎物的大腿跟腱，使其瘫痪。

猜猜看

狼群是如何狩猎的？

māo

猫

生活习性

猫咪很贪睡，一天中有14—15小时在睡眠中度过。猫在很多时候爱舔身子，是在进行自我清洁。

猫，属于猫科动物，欧洲家猫起源于非洲的山猫，一般认为亚洲家猫起源于印度的沙漠猫。为了在夜间能看清其他物体，需要大量的牛磺酸，而老鼠和鱼的体内就含牛磺酸，所以猫爱吃老鼠和鱼。

波斯猫

美国短毛猫

布偶猫

英国短毛猫

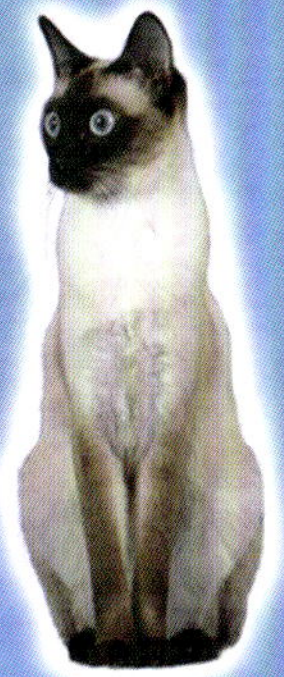

暹罗猫

形体特征

猫是善于攀爬跳跃的动物，它体内各种器官的平衡功能比其他动物要完善，当它从高处跳下来时，身体失去平衡，神经系统会迅速地指挥骨骼肌以最快的速度运动，将失去平衡的身体调整到正常的位置。

小科普

如果猫咪脚底的肉垫被人碰了以后，它会立刻缩回去。如果一再触碰的话，甚至会惹怒猫咪，那是因为肉垫非常的敏感。

猜猜看

猫为什么喜欢吃老鼠和鱼？

因为鼠体内含有猫最需要的牛磺酸。

猜猜我是谁？

小朋友，请你说一说它们的名字吧！

中国野生动物保护协会 推荐

你好，动物朋友！

小小的就要被忽略吗？

中国科学院动物研究所研究员　国家林业与草原局首席科普专家　**黄乘明** 审读

义圃园丁 ◎ 编

现代教育出版社
Modern Education Press

中国野生动物保护协会推荐

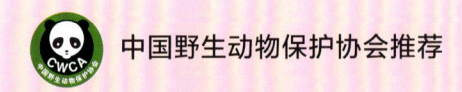

图书在版编目（CIP）数据

你好，动物朋友！.小小的就要被忽略吗？/ 义圃园丁编 . — 北京：现代教育出版社, 2022.5

ISBN 978-7-5106-8748-8

Ⅰ . ①你… Ⅱ . ①义… Ⅲ . ①动物—儿童读物 Ⅳ . ① Q95-49

中国版本图书馆 CIP 数据核字（2022）第 051813 号

目录

蝗虫	2	蝴蝶	16
蝎子	4	蚂蚁	18
龙虾	6	蜜蜂	20
海星	8	瓢虫	22
乌贼	10	蜻蜓	24
扇贝	12	蜗牛	26
螃蟹	14	蜘蛛	28

蝗虫
huáng chóng

稻蝗

蝗虫是直翅目蝗科的昆虫。全世界有超过10000种，分布于全世界的热带、温带的草地和沙漠地区。蝗虫善于飞行，后肢很发达，善于跳跃。主要危害禾本科植物，是农业害虫。蝗虫是植食性昆虫，喜欢吃肥厚的叶子，如甘薯、空心菜、白菜的叶子等。

体长：35.5 — 51.2 mm

蝗虫

东亚飞蝗

红后负蝗

形态特征

蝗虫全身通常为绿色、灰色、褐色或黑褐色，头大，触角短。前胸背板坚硬，像马鞍似的向左右延伸到两侧，中、后胸愈合，不能活动。脚发达，尤其后腿的肌肉强劲有力，外骨骼坚硬，胫骨还有尖锐的锯刺，是有效的防卫武器。

小科普

蝗虫主要可以分为两大类：长角蝗虫和短角蝗虫。短角蝗虫更常见，两种蝗虫都会在阳光好的日子发出"吱吱"的叫声。长角蝗虫比短角蝗虫体型要大5倍，而且更擅于飞翔。

猜猜看

蝗虫会飞吗？

蝎子
xiē zi

● 体长：5—6 cm

蝎子不是昆虫纲的动物，而是蛛形纲动物。它们的典型特征包括身体瘦长，口部两侧有一对螯，前腹部较粗，后腹部细长，末端有毒钩。蝎子完全为肉食性动物，喜欢吃无脊椎动物。蝎子昼伏夜出，喜潮怕干，喜暗且惧怕强光刺激。蝎子除了捕食，其他时候都安静不动，并且有识窝和认群的习性，蝎子大多数在固定的窝穴内结伴定居。

帝王蝎

条斑钳蝎

土耳其黑肥尾蝎

东亚钳蝎

帝王蝎

你知道吗？

蝎子无论大小都有毒，只是毒性大小不同。大多数蝎子的毒素足以杀死昆虫，但对人无致命的危险，只能引起灼烧样的剧烈疼痛。但是要当心那些钳子细小但是尾巴肥大的蝎子种类，其往往是高毒性的。

生活习性

蝎子取食时，用触肢将捕获物夹住，后腹部（蝎尾）举起，弯向身体前方，用毒针刺猎物。蝎子尾巴的最后一环不仅具备毒针，而且上面密布颗粒状突起，毒腺外面的肌肉收缩，毒液就会从毒针的开孔流出。

猜猜看

蝎子都有毒吗？

答：蝎子无论大小都有毒。

龙虾
lóng xiā

龙虾是节肢动物门软甲纲十足目龙虾科下物种的统称。龙虾有淡水种类，也有海水种类，主要分布于热带海域。龙虾的头胸部粗大，外壳坚硬，体色色彩斑斓。

体长：20—40 cm

小科普

淡水小龙虾并不是龙虾。小龙虾学名叫克氏原螯虾，只是长得比较像龙虾而已。小龙虾原产于美国南部，是腐食性动物，20世纪初随国外货轮等生物入侵途径进入我国境内，进而在我国形成了淡水养殖小龙虾的产业链。

龙虾

生活习性

龙虾依靠步足爬行，不喜游泳，行动迟缓。触角灵敏，遇敌时转动第二触角摩擦发音器发出吱吱声响以惊吓对方，有群栖习性。龙虾对水体溶氧的适应能力也很强，在水体缺氧的环境下它可以借助水中的飘浮植物或水草将身体侧卧于水面，利用身体一侧的鳃呼吸以维持生存。但龙虾对水质要求较高，干净的水域才能孕育好的龙虾。

岩龙虾属

波纹龙虾属龙虾属

罕见的蓝色龙虾

锦绣龙虾属龙虾属

猜猜看

淡水小龙虾是龙虾吗？

业晋

海星
hǎi xīng

海星是棘皮动物门海星纲动物，是棘皮动物中结构最有代表性的一类。它们通常有五个腕，但也有四个或六个的，体扁平，多呈星形。整个身体由许多钙质骨板借结缔组织结合而成，体表有突出的棘、瘤或疣等附属物。在这些腕下侧并排长有四列密密的管足。海星的管足既能捕获猎物，又能攀附住岩礁。

直径：12—24 cm

海星
棘皮动物

形态特征

海星与海参、海胆等同属棘皮动物。大个的海星管足有好几千。海星的嘴在其身体下侧中部，可与海星爬过的物体表面直接接触。当海星抓住猎物后，也是用包裹的姿势进食。海星纲动物的体色各异，有明亮红、桔、蓝、紫等色，甚至几种颜色的混合色。

显带目

钳棘目

有棘目

小科普

棘皮动物的体壁由表皮及真皮组成。水管系统是棘皮动物所特有的一个管状系统，它全部来自体腔，因此，管内壁裹有体腔上皮，并充满液体，它的主要机能在于运动。通过这种形式，海星可以在沙地和岩石上爬行。海星都是肉食性动物，可以取食各种无脊椎动物，特别是贝类、甲壳类、多毛类，甚至鱼类等。其中，有的海星还是单食性的。

棘皮动物没有专门的循环器官，可能是由体腔液执行循环机能，以完成营养物质的输送。

猜猜看

海星有多少个腕？

[倒印]五个或更多

wū zéi
乌贼

乌贼是软体动物门头足纲乌贼目的动物。乌贼有惊人的变色能力，能够根据心情和环境变化自己的颜色，甚至还能够像霓虹灯一样发出闪烁的颜色，用于迷惑敌人。遇到紧急情况，乌贼会喷出一团"烟雾"阻挡捕食者的视线，然后逃之夭夭。乌贼与鱿鱼以及章鱼一样属于海洋软体动物，三者均不属于鱼类。

☆ 腕：10 条

乌贼

曼式无针乌贼

枪乌贼

形态特征

乌贼的身体两侧有肉鳍，它通过波浪状地运用肉鳍推动自身的前进和后退。乌贼的体躯呈椭圆形，共有10条腕，有8条短腕，还有2条长触腕以供捕食用。乌贼的两侧有发达的眼睛，构造复杂，对光源的变化很敏感。

小飞象乌贼

金乌贼

小科普

乌贼是海洋中经济利用率最高的动物之一。乌贼的肉可食用，内脏可以榨制内脏油，是制革的好原料。它的眼珠可制成眼球胶，是上等的胶合剂。墨鱼壳，即"乌贼板"，学名叫"乌贼骨"，也是中医上常用的药材，称"海螵蛸"，能够制酸、止血。

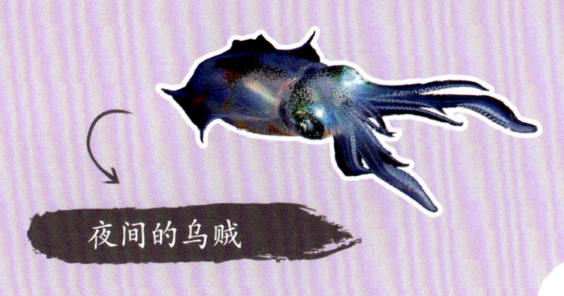

夜间的乌贼

猜猜看

乌贼是鱼吗？

不是

扇贝
shàn bèi

砗磲

栉孔扇贝

扇贝是扇贝属双壳类的软体动物，约有400种。广泛分布于世界各海域，以热带海中的种类最为丰富。中国已发现约50余种。扇贝在海洋经济上有着举足轻重的地位。扇贝肉鲜美，营养丰富，壳艳丽，不仅能够作为艺术品，还能够研磨后入药。

小科普

当有小石子、沙砾之类的物体随水流进入扇贝的体内，扇贝会觉得不舒服，然后分泌出一层又一层的珍珠质，包裹小石子，久而久之扇贝的体内就出现了珍珠。

形态特征

扇贝的壳光滑，带有辐射肋。颜色鲜艳有光泽，红、紫、橙、黄到白色，颜色各异。贝壳的触手能感受水质和水流的变化，壳张开时如垂帘状位于两壳间。扇贝有两个壳，大小几乎相等、对称，由于壳面很像扇面，所以就很自然地获得了"扇贝"这个名称。

虾夷扇贝

加工后的珍珠

生活习性

扇贝是滤食性动物，其进食方式为吸入海水，对海水过滤，将其中的浮游生物留下，再将海水排出。扇贝对食物的大小有选择能力，但对种类却没有。扇贝的主要食物为有机碎屑、悬浮在海水中的微型颗粒和浮游生物。

猜猜看

当小石子进入扇贝的身体，最后会形成什么？

珍珠

螃蟹 (páng xiè)

螃蟹的身体被硬壳保护着，靠鳃呼吸，身体内部是半固体的肉，外壳不仅能够保护螃蟹，也能够让螃蟹在海底不易被发现。螃蟹的肉质含有较多的维生素A，对皮肤的角化有帮助；对儿童的佝偻病、老年人的骨质疏松也能起到补充钙质的作用。

蟹

青蟹

形态特征

大多数螃蟹的身体是左右对称的，有些招潮蟹，其钳子会一大一小，又或者断肢重生的螃蟹，新长出来的肢体也会较小。螃蟹头部的附属肢称为触角，具备触觉与嗅觉功能。螃蟹的移动方式大多是横着走而不是往前直行，和尚蟹是唯一一种能够直着走的螃蟹。

关公蟹

梭子蟹
知名的海产螃蟹

蛙蟹

你知道吗？

在中医中有食物相克一说，螃蟹是不能和柿子一起吃的，那是因为柿子内含有丰富的鞣酸，而螃蟹的肉含有丰富的蛋白质，鞣酸遇到蛋白质会凝结成块。柿子吃得过多时，凝块甚至会变成硬块，对胃造成损伤。

猜猜看

中医的说法中，螃蟹不宜与什么同吃？

柿子

蝴 蝶
hú   dié

枯叶蛱蝶

蝴蝶是昆虫纲鳞翅目的一类昆虫，全世界有 14000 多种，大部分分布在美洲，尤其在亚马孙河流域品种最多。蝴蝶一般色彩鲜艳，身上有很多条纹，色彩较丰富，翅膀和身体有各种花斑。世界上最大的蝴蝶产于太平洋西南部的所罗门群岛和巴布亚新几内亚，叫作亚历山大鸟翼凤蝶，这种蝴蝶的左翼到右翼可达 36 cm。大部分蝴蝶都吸食花蜜，有些品种的蝴蝶还仅吸食特定植物。

翅展：1.7 — 26 cm

鸟翼凤蝶

老豹蛱蝶

最美蝴蝶
——光明女神闪蝶

蝴蝶采蜜

形态特征

蝴蝶翅膀上的鳞片不仅能使蝴蝶艳丽无比，还像是蝴蝶的一件雨衣。因为蝴蝶翅膀的鳞片里含有丰富的脂肪，能把蝴蝶保护起来，所以，即使下小雨时，蝴蝶也能飞行。

猫头鹰环蝶

生活习性

水是生物有机体在新陈代谢作用中必不可少的一种成分，我们常常能看到蝴蝶停在潮湿的地上吸水，尤其是稍含咸味的水，最能吸引它们来吸食。每当烈日临空的炎夏正午，在洼陷的山路上、溪边，就有各式各样的蝴蝶成群聚集在那里吸水。

蝴蝶的幼虫阶段

猜猜看

世界上最大的蝴蝶叫什么？

亚历山大鸟翼凤蝶

mǎ yǐ
蚂 蚁

● 寿命：3—10年

蚂蚁

准备攻击的蚂蚁

蚂蚁属节肢动物门昆虫纲膜翅目蚁科昆虫。蚂蚁的种类繁多，世界上已知有11700多种蚂蚁，分为21亚科283属。蚂蚁为典型的社会性群体，具有社会性的三大要素：同类个体间能相互合作照顾幼体；具有明确的劳动分工；子代能在一段时间内照顾上一代。

你知道吗？

蚂蚁在遇到洪水的时候，会抱在一起，一层一层，形成一个蚁球，漂在水面上。等到被冲到岸上后，蚁球就会一点点地展开，所有的蚂蚁会有秩序地登陆，寻找一片安全的土壤，构建新蚁巢。

探测环境的蚂蚁

形态特征

蚂蚁还是昆虫中的大力士，一只蚂蚁能够举起超过自身体重400倍的东西，还能够拖运超过自身体重1700倍的物体，这相当于一个成年男人能够抬起一座7层楼高的大楼。

臭蚁

小黄家蚁

洛氏路舍蚁

猜猜看

蚂蚁遇到洪水时会怎么做？

抱成一个球，漂在水面上

蜜蜂
mì fēng

蜜蜂属膜翅目蜜蜂科的昆虫，体色为黄褐色或黑黄相间。蜜蜂是一种会飞行的群居昆虫，具有高度的社会性。从春季到秋末，在植物开花的季节，蜜蜂天天忙碌不停，冬季是蜜蜂唯一的短暂休息的时期。蜜蜂在花田中忙忙碌碌，吸取花蜜，采完一朵后再接一朵，不间断地带回蜂巢并制作蜂蜜。蜜蜂发出的声音是在胸腔中的中胸纵长肌和中胸垂直肌及其附着在中胸背板、中胸腹板、第二悬骨的共同急剧振动下产生的，蜜蜂没有专门的发声器官。

蜜蜂采蜜

体长：8—20 mm

蜜蜂

你知道吗？

蜂蜜是一种营养丰富、香甜可口的营养品。蜜蜂从植物的花中采取含水量约为 75% 的花蜜或分泌物，存入自己第二个胃中，在体内多种转化酶的作用下，经过15天左右的反复酝酿，得到各种维生素、矿物质和氨基酸。当丰富到一定的数值时，就产出蜂蜜啦！蜜蜂会将在自己体内酿制好的蜂蜜吐出，用蜂蜡密封在蜂巢的小房间里。

蜜蜂后腿上都是花蜜

小科普

蜜蜂是完全变态发育的昆虫，需经过卵、幼虫、蛹和成虫四个发育阶段。

沙巴蜂

东方蜜蜂

猜猜看

蜜蜂从花中采集来的花蜜或分泌物最终制成了什么？

蜂蜜

piáo chóng
瓢 虫

体长：1—16 mm

瓢虫为鞘翅目瓢虫科昆虫，是圆形突起的甲虫的统称，是体色鲜艳的小型昆虫，常具红、黑或黄色斑点，别称为"胖小""红娘"。瓢虫有时会藏身于树叶之下，把它作为挡风遮雨的保护伞。瓢虫还是个游泳和潜水的能手，它们不仅能在水面上游泳，还能潜入水中前进。

瓢虫

十星瓢虫

马铃薯瓢虫

你知道吗？

不是每种瓢虫都是益虫，二十八星瓢虫是危害蔬菜的典型有害瓢虫，它是马铃薯瓢虫和茄二十八星瓢虫的统称，以危害茄子和马铃薯为主。二十八星瓢虫的典型特点就是背上有28个黑点（黑斑），这是它与其他瓢虫最显著的区别。

进食的七星瓢虫

形态特征

瓢虫有一件坚硬的"外套"，而它那套细小精致的翅膀会从"外套"下伸出，疯狂地舞动。瓢虫确实是一个技艺精湛的飞行家，也正是因为它们具有高超的飞行本领，所以才能在花园的各个角落里来去自如。

十三星瓢虫

猜猜看

二十八星瓢虫的典型特点是什么？

背上有28个黑点。

蜻蜓 qīng tíng

蜻蜓

  蜻蜓是差翅亚目的一种昆虫，分蜻科和蜓科，一般体型较大，翅膀长而窄，膜质，网状翅脉极为清晰。视觉极为灵敏，而且还能向上、向下、向前、向后看而不必转头。蜻蜓是世界上眼睛最多的昆虫。蜻蜓的眼睛又大又鼓，占据着头的绝大部分，有三个单眼，一只复眼约由 28000 多只小眼组成。

蓝晏蜓

北京大蜓

生活习性

蜻蜓和其他许多昆虫都不一样，它的卵是在水里孵化的，幼虫也在水里生活，所以"蜻蜓点水"实际上是在产卵。雌蜻蜓把卵产到水中，多数是在飞翔时用尾部触碰水面，把卵排出，其卵是黄色的。

小科普

蜻蜓是典型的不完全变态昆虫，由稚虫蜕变至成虫的阶段中，不需经历结蛹的过程。它们一生只经历三个阶段：卵、稚虫及成虫。蜻蜓稚虫是水生的，而成虫则是具有飞行能力的陆生昆虫。

长痣绿蜓

巨圆臀大蜓

猜猜看

"蜻蜓点水"代表蜻蜓在干什么？

蜗 牛
wō   niú

蜗牛属于软体动物门腹足纲。蜗牛喜欢在阴暗潮湿、疏松多腐殖质的环境中生活，昼伏夜出，最怕阳光直射，对环境反应敏感。蜗牛取食腐烂植物，产卵于土中。树栖的蜗牛通常色泽鲜艳，而地栖的往往为单色。蜗牛是雌雄同体的，有的种类可以独立生殖，但大部分种类需要两个同旋向的个体交配，互相交换精子。

小科普

蜗牛在各种文化中的象征意义不相同，在中国，蜗牛象征缓慢、落后；在西欧则象征顽强和坚持不懈。有的地方以蜗牛的行动预测天气，例如：苏格兰人认为如果蜗牛的触角伸得很长，就意味着明天有一个好天气。

白玉蜗牛（一般用于食用）

寿命：5—6年

蜗牛

形态特征

蜗牛是世界上牙齿最多的动物。虽然它嘴的大小和针尖差不多，但是却有20000多颗牙齿。尽管拥有数万颗牙齿，但它们无法咀嚼食物。一生之中，它们的微小牙齿会慢慢磨损钝化，而后被更锋利的新牙取代。

夏威夷蜗牛

玛瑙蜗牛

生活习性

蜗牛喜欢潮湿但怕水淹，当阳光过于强烈时，蜗牛会由于太热而脱水，为了应对这种情况，蜗牛会将它的头和足缩回壳内，并分泌出黏液将壳口封住，等到夜间来临，再将头和足伸出壳外开始活动。

华蜗牛

猜猜看

世界上牙齿最多的动物是？

蜗牛

蜘 蛛
zhī zhū

蜘蛛属于节肢动物门蛛形纲蜘蛛目，除南极洲以外，广布全世界。蜘蛛体型有大有小，从微型的小如一粒米般的个体，大到能够捕食兔子的巨型蜘蛛都有。蜘蛛大部分都有毒腺。蜘蛛为食肉性动物，食物大多数为昆虫或其他节肢动物，有时能捕食到比其本身大几倍的动物，如南美的捕鸟蛛，它有时捕食小鸟、鼠类等。

巴西金直间

镭射蜘蛛

体长：1 — 60 mm

小科普

蜘蛛不能直接吞食固定食物，而是将毒液注入猎物体内将其杀死，再将分泌的消化酶灌注在猎物的组织中，把猎物分解为液汁，然后吸进消化道内。

形态特征

蜘蛛的种类数目繁多，自然界中的蜘蛛有四万多种，大致可分为游猎蜘蛛、结网蜘蛛及洞穴蜘蛛三类。

幽灵蛛

皇帝巴布

印度华丽雨林蜘蛛

生活习性

蜘蛛的生活方式可分为两大类，即游猎型和定居型。游猎型的蜘蛛到处游猎、捕食，居无定所，完全不结网、不挖洞、不造巢，包括鳞毛蛛科、拟熊蛛科和大多数狼蛛科等。定居型的蜘蛛有的结网，有的挖穴，有的筑巢。

猜猜看

蜘蛛可以直接吞食食物吗？

猜猜我是谁？

小朋友，请你说一说它们的名字吧！